（2024 年版）

国网湖南省电力有限公司
110～220kV电力电缆工程

通用设计

国网湖南省电力有限公司　编

中国电力出版社
CHINA ELECTRIC POWER PRESS

图书在版编目（CIP）数据

国网湖南省电力有限公司 110～220kV 电力电缆工程通用设计：2024 年版 / 国网湖南省电力有限公司编.
北京：中国电力出版社，2025. 4. -- ISBN 978-7-5198-9298-2

Ⅰ. TV73

中国国家版本馆 CIP 数据核字第 2024UU1360 号

出版发行：中国电力出版社
地　　址：北京市东城区北京站西街 19 号（邮政编码 100005）
网　　址：http://www.cepp.sgcc.com.cn
责任编辑：安小丹（010-63412367）
责任校对：黄　蓓　李　楠
装帧设计：张俊霞
责任印制：吴　迪

印　　刷：三河市万龙印装有限公司
版　　次：2025 年 4 月第一版
印　　次：2025 年 4 月北京第一次印刷
开　　本：787 毫米×1092 毫米　16 开本
印　　张：13.5
字　　数：287 千字
印　　数：0001—1000 册
定　　价：90.00 元

《国网湖南省电力有限公司 110～220kV 电力电缆工程通用设计（2024 年版）》

工 作 组

牵头单位　国网湖南省电力有限公司建设部
成员单位　国网湖南省电力有限公司经济技术研究院
　　　　　湖南科鑫电力设计有限公司
　　　　　湖南经研电力设计有限公司
　　　　　长沙电力设计院有限公司

本书编委会

主　任　李　荣
副主任　颜宏文　姚震宇　单周平
编　委　徐　畅　张恒武　严科辉　蔡　纲　江志文　谢春光
　　　　杨力帆　徐　超　彭松枭　甘　星　洪　峰　陈　卫
　　　　雷川丽　贾瑞杰
编写组　易南健　陆雯林　江　雷　何兰宽　陈伟林　罗　伟
　　　　李国勇　徐志鸿　王　奇　刘小花　叶　林　胡　军
　　　　程育林　蒋　哲　奉策红　樊海青　罗惟贤　李振华
　　　　周　迁　王杨阳

《国网湖南省电力有限公司 110～220kV
电力电缆工程通用设计（2024 年版）》

编 制 人 员

概述、通用设计使用总体说明、设计技术原则

编写人员　易南健　陆雯林　江　雷　何兰宽　陈伟林　唐　勇
　　　　　寒　杰　易小飞　刘　俭　樊云龙　欧阳迪　伍　雄
　　　　　谌意雄　刘宇彬　林　新

编写单位　湖南科鑫电力设计有限公司
　　　　　长沙电力设计院有限公司
　　　　　湖南经研电力设计有限公司

电缆隧道及其附属设施模块（过电压保护及护层接地、支架和立柱、电缆通道接地、电缆及通道标识）

设 计 单 位　湖南科鑫电力设计有限公司
审　　　核　寒　杰　刘　俭
设计总工程师　寒　杰
校　　　核　隋三义　易小飞　罗焓杰　焦志鹏　欧阳迪　余　非
　　　　　　李伟斌　黄兴政　李楚雄　袁　琦
编　　　制　张雪娇　师少勇　甘　彬　范森林　杨绍鸿　邓先林
　　　　　　任　凯　唐永健　葛威廷　曾　杰

电缆排管及其工作井模块

设 计 单 位　长沙电力设计院有限公司
审　　　核　伍　雄　谌意雄
设计总工程师　伍　雄

校　　　　核　蔡杰瀚　易　帆　刘卓灵　陶佳林　吴　飞　周柏安
　　　　　　彭　逸
编　　　　制　陈庆华　彭勇超　李　敏　李贵善　龚硕霖　牛新宇
　　　　　　徐子恒　吴　鸿

电缆沟模块

设 计 单 位　湖南经研电力设计有限公司
审　　　　核　刘宇彬　林　新
设计总工程师　王克燕
校　　　　核　周　伟　徐斌兵　曾军琴　吴　广　李芷逸　袁鸿博
编　　　　制　刘国其　林奇辉　李兴泽　唐　凯　周向上　许书宸
　　　　　　王杨阳

前言

　　《国网湖南电力输变电工程通用设计》是国网湖南省电力有限公司标准化建设成果的重要组成部分。2024 年国网湖南省电力有限公司建设部、经济技术研究院组织湖南科鑫电力设计有限公司、湖南经研电力设计有限公司和长沙电力设计院有限公司等单位，在总结湖南地区 110～220kV 电力电缆工程建设和运行经验的基础上，结合城市发展规划需要和相关电缆标准、规程规范的调整，经过充分调研、专家论证，编制完成《国网湖南省电力有限公司 110～220kV 电力电缆工程通用设计（2024 年版）》。

　　该通用设计包含 4 个排管模块、4 个排管工作井模块、4 个电缆沟模块、9 个隧道模块及 1 个隧道节点模块、2 个电缆支架模块的布置方案，适用性强，满足湖南地区 1～4 回排管、2～4 回电缆沟、6～10 回电缆隧道建设规模需要，还依照规划、设计、运行标准和深度规定，制定了电缆隧道土建、隧道附属设施、通道接地、井盖、电缆及通道标识等主要设计方案和技术要求，全面应用槽型支架，减少了传统的角钢、T 型钢在施工、运行中对电缆的损伤，考虑电缆蛇形敷设时支架承受的电缆本体、接头、接地箱等永久荷载和检修荷载，选取较为严格的荷载配置进行支架和立柱强度设计，并采用了 10.9 级承压型连接高强度螺栓，改善了隧道和综合管廊中电缆水平敷设时支架强度不足的问题。在电缆工作井和通道空间布局设计时，考虑明开挖、顶管、暗挖不同工法下的施工、运维条件和经济性，采用了差异化设计，并预留了施工、敷设电缆、接地的相关铁件。

　　由于编制时间短及编制水平有限，疏漏之处在所难免，敬请读者批评指正。执行中有何建议请及时告知本书编写工作组成员。

编　者

2024 年 9 月

言前

目录

前言

第1章 概　　述

1.1　目　的　和　意　义

为贯彻落实国家电网有限公司电网工程建设以标准化为基础、绿色化为方向、模块化为方式、智能化为内涵，全面推进"价值追求更高、方式手段更新、质量效率更优"高质量建设的要求，国网湖南电力深入推进现代建设管理体系落地见效，不断提升电网建设能力和技术管理水平，助推电网高质量发展和本质安全。

"十四五"以来，随着城市规划范围全面细化、拓展，架空线路走廊受到进一步规范和制约，110～220kV 高压电力电缆应用环比"十三五"期间实现跨越式增长。为落实湖南电网规划最新技术原则，统一建设标准，从设计源头上提高工程安全质量和造价控制水平，国网湖南省电力有限公司建设部组织、经济技术研究院牵头长沙电力设计院有限公司、湖南科鑫电力设计有限公司、湖南经研电力设计有限公司，在充分调研、精心对比、反复论证的基础上，编制完成了《国网湖南省电力有限公司 110～220kV 电缆工程通用设计（2024 年版）》。

本次通用设计是在《国网湖南省电力有限公司关于电网工程高压电缆设计建设的实施意见》（湘电公司建设〔2019〕508 号）的基础上，结合最新规程规范、湖南电网规划主要技术原则，并考虑湖南地区城市核心区域建设环境和电缆施工工艺特点，进行全面优化调整、深化设计，对电缆选型、过电压保护及护层接地、电缆排管、电缆沟、电缆隧道设计及电缆隧道附属设置等标准设计内容提出具体实施方案，可作为指导 110～220kV 电缆线路设计、评审、施工、运行和电网精准投资管控的重要技术性文件。

1.2　总　体　原　则

本通用设计适用于国网湖南电力建设和运行的 110～220kV 陆上单芯电缆，供设计、评审、施工及运维等人员参考使用，具体工程应根据最新的规程、规范和工程实际，经论证后确定。

10～35kV 电缆线路参照执行。

第2章　通用设计使用总体说明

2.1 主要规程规范

本通用设计主要参照但不限于以下规程、规范及标准：

GB/T 11017—2014《额定电压 110kV（$U_\mathrm{m}=126\mathrm{kV}$）交联聚乙烯绝缘电力电缆及其附件》（全部）

GB/T 18890—2015《额定电压 220kV（$U_\mathrm{m}=252\mathrm{kV}$）交联聚乙烯绝缘电力电缆及其附件》（全部）

GB 50009—2012《建筑结构荷载规范》

GB/T 50010—2010《混凝土结构设计标准（2024 年版）》

GB 50016—2014《建筑设计防火规范（2018 年版）》

GB 50017—2017《钢结构设计标准》

GB/T 50046—2018《工业建筑防腐蚀设计规范》

GB/T 50064—2014《交流电气装置的过电压保护和绝缘配合设计规范》

GB 50108—2008《地下工程防水技术规范》

GB 50166—2019《火灾自动报警系统施工及验收标准》

GB 50168—2018《电气装置安装工程电缆线路施工及验收标准》

GB 50217—2018《电力工程电缆设计标准》

GB 50289—2016《城市工程管线综合规划规范》

GB 50303—2015《建筑电气工程施工质量验收规范》

GB 50312—2016《综合布线系统工程验收规范》

GB 51309—2018《消防应急照明和疏散指示系统技术标准》

GB 55008—2021《混凝土结构通用规范》

GB 55030—2022《建筑与市政工程防水通用规范》

DL/T 401—2017《高压电缆选用导则》

DL/T 1253—2013《电力电缆线路运行规程》

DL/T 5221—2016《城市电力电缆线路设计技术规定》

DL/T 5484—2013《电力电缆隧道设计规程》

DL/T 5707—2024《电力工程电缆防火封堵施工工艺导则》

DL/T 5744.2—2016《额定电压 66kV～220kV 交联聚乙烯绝缘电力电缆敷设规程　第2 部分：排管敷设》

DL/T 5744.3—2016《额定电压 66kV～220kV 交联聚乙烯绝缘电力电缆敷设规程　第 3 部分：隧道敷设》

JB/T 10181—2014《电缆载流量计算》

Q/GDW 1512—2014《电力电缆及通道运维规程》

Q/GDW 10166.3—2016《输变电工程初步设计内容深度规定第 3 部分：电力电缆线路》

Q/GDW 10864—2022《电缆通道设计导则》

Q/GDW 11187—2023《电缆隧道设计规范》

Q/GDW 11223—2014《高压电缆状态检测技术规范》

Q/GDW 11316—2018《高压电缆线路试验规程》

Q/GDW 11455—2024《电力电缆及通道在线监测装置技术规范》

Q/GDW 11690—2017《综合管廊电力舱设计技术导则》

Q/GDW 12066—2020《隧道内电力电缆本体及环境监测配置技术原则》

Q/GDW 12067—2020《高压电缆及通道防火技术规范》

Q/GDW 12080—2021《电力电缆隧道监测及通信系统设计技术导则》

Q/GDW 12226—2022《高压电缆设备状态及通道在线监测监控系统配置原则》

2.2　主　要　依　据　文　件

本通用设计参照但不限于以下文件及资料：

国家电网发展〔2014〕1459 号《国家电网公司关于印发城市电力电缆通道规划与使用管理规范和城市综合管廊电力舱规划建设指导意见的通知》

运检二〔2017〕104 号《国网运检部关于印发〈高压电缆及通道工程生产准备及验收工作指导意见〉的通知》

运检二〔2017〕105 号《国网运检部关于加强隧道内电缆本体及环境监测装置管理工作的通知》

国家电网运检〔2016〕1152 号《国家电网公司高压电缆专业管理规定》

国家电网运检〔2014〕354 号《国家电网公司关于印发〈电力电缆通道选型与建设指导意见〉的通知》

国家电网设备〔2018〕979 号《国家电网有限公司关于印发十八项电网重大反事故措施（修订版）的通知》

《国家电网公司输变电工程通用设计电缆线路分册（2017 年版）》

湘电公司建设〔2019〕508 号《国网湖南省电力有限公司关于电网工程高压电缆设计建设的实施意见》

湘电公司设备〔2021〕130 号《国网湖南省电力有限公司关于印发加强公司防汛管理工作指导意见的通知》

湘电公司建设〔2022〕101 号《国网湖南省电力有限公司关于进一步规范电缆通道规划建设及维护使用的指导意见》

2.3 设计边界条件

2.3.1 电压等级

本通用设计适用敷设于排管、电缆沟和电缆隧道内的 110～220kV 陆上电缆设计，综合管廊内的 110～220kV 电缆可参照执行。

2.3.2 环境条件

依据国家电网有限公司现行通用设计技术原则，根据工程具体情况，确定电缆线路路径所经地区海拔、最高气温、最低气温、年平均气温、土壤热阻系数及电缆线路路径所经地区的地震设防烈度等，如表 2.3－1 所示。

表 2.3－1　　　　　　　　　　电缆一般运行环境条件

项目	单位	参数
海拔	m	≤1000
最高环境温度	℃	40
最低环境温度	℃	−10
年平均气温	℃	15
电缆导体最高工作温度	℃	90
日照强度	W/cm²	0.1
土壤热阻系数	K·m/W	1.2

2.3.3　电缆敷设

本通用设计电缆敷设包括电缆排管敷设、电缆沟敷设、隧道敷设方式。

2.3.4　设计边界条件确定

根据湖南电网规划，并结合《湖南电网规划设计技术导则》（湘电公司科数〔2023〕348 号），考虑绿色建造相关要求，具体工程应根据实际条件选择匹配 110kV 和 220kV 架空线路输送容量的电缆截面。

本通用设计 110kV 电缆推荐采用的铜导体标称截面为 630mm²、800mm²、1000mm²、1200mm²、1600mm²，220kV 电缆推荐采用的铜导体标称截面为 2500mm²。具体工程应经过详细的经济技术论证选择电缆截面。

2.4　模　块　划　分

本通用设计参考国家电网有限公司通用设计模块划分方式。在编制过程中对湖南 14 个地区 110kV 和 220kV 电缆输电线路建设和运行情况进行了充分调研，经过详细的经济技术论证后，对电缆通道断面进行了针对性的优化及调整，为与国家电网有限公司通用设计模块有所区分，调整及优化的设计模块增加"HN"代号，按敷设方式共包含 3 个模块，分别为电缆排管及工作井、电缆沟和电缆隧道，设计深度为方案总体设计，详细施工图需各使用单位另行设计。

2.4.1　电缆排管及电缆工作井

电缆排管敷设模块按照敷设的电缆根数不同分为 4 个模块，编号为 B（HN）-1～B（HN）-4，每个模块对应明开挖排管。各型式技术条件见表 2.4-1。

表 2.4-1　　　　　　　B（HN）模块技术条件一览表

模块	电压等级（kV）	排管孔数	电缆截面（mm²）	图纸编号
B（HN）-1	110	4 孔 D225mm+2 孔 D100mm	1×630～1×1600	B（HN）-1-1 B（HN）-1-2
B（HN）-2	110	8 孔 D225mm+2 孔 D100mm	1×630～1×1600	B（HN）-2-1 B（HN）-2-2

模块	电压等级 （kV）	排管孔数	电缆截面 （mm²）	图纸编号
B（HN）－3	110	12 孔 D225mm＋3 孔 D100mm	1×630～1×1600	B（HN）－3－1 B（HN）－3－2
B（HN）－4	110	16 孔 D225mm＋4 孔 D100mm	1×630～1×1600	B（HN）－4－1

电缆排管工作井模块按照功能不同共分为 4 个模块，编号为 F（HN）－ZX、F（HN）－ZJ、F（HN）－JT、F（HN）－YX。每个模块分别对应直线工作井 ZX、转角工作井 ZJ、接头工作井 JT、余线工作井 YX，其中余线工作井优先采用水平余线工作井 YX（SP）。本模块与 B（HN）模块一起组合使用。各型式技术条件见表 2.4－2。

表 2.4－2 　　　　　　　　　　F（HN）模块技术条件一览表

模块	电压等级 （kV）	匹配排管模块和孔数	图纸编号
F（HN）－ZX	110	B（HN）－1－2	F（HN）－ZX－1
		B（HN）－2－2 B（HN）－3－2	F（HN）－ZX－2
		B（HN）－1－1 B（HN）－2－1 B（HN）－3－1 B（HN）－4－1	F（HN）－ZX－3
F（HN）－ZJ	110	B（HN）－1－2 B（HN）－2－2 B（HN）－3－2	F（HN）－ZJ－1（1/2） F（HN）－ZJ－1（2/2）
	110	B（HN）－1－1 B（HN）－2－1 B（HN）－3－1 B（HN）－4－1	F（HN）－ZJ－2（1/2） F（HN）－ZJ－2（2/2）
F（HN）－JT	110	B（HN）－2－1 B（HN）－2－2	F（HN）－JT－1（1/2） F（HN）－JT－1（2/2）
	110	B（HN）－3－1 B（HN）－3－2 B（HN）－4－1	F（HN）－JT－2（1/2） F（HN）－JT－2（2/2）
F（HN）－YX	110	B（HN）－2－1	F（HN）－YX（SP）－1（1/2） F（HN）－YX（SP）－1（2/2）

2.4.2　电缆沟

电缆沟敷设模块共分为 4 个子模块，编号为 C（HN）－1～C（HN）－4。电缆沟敷设均按无覆土设计，分为 110kV、220kV 两个电压等级，双回路、四回路两个电缆沟模块；C（HN）-1、C（HN）-2 为双回路双排支架电缆沟模块，C（HN）-3、C（HN）-4 为四回路双排支架电缆沟模块，其中 C（HN）-4 为 2 回 110kV+2 回 220kV 电缆混压四回路敷设。各断面技术条件见表 2.4-3。

表 2.4-3　　　　　　　　C（HN）模块技术条件一览表

模块编号	电压等级（kV）	电缆截面积（mm²）	回路数	支架长度（mm）
C（HN）-1	110	630~1600	2	400
C（HN）-2	220	1600~2500	2	450
C（HN）-3	110	630~1600	4	600
C（HN）-4	110+220	630~2500	4	650

注　最上层支架用于光缆敷设。

2.4.3　电缆隧道

按照电缆隧道的施工方法、隧道内所敷设电缆的电压等级以及敷设电缆的回路数，本通用设计分为 10 个子模块，包括 9 个典型断面模块和 1 个隧道节点子模块，其中 D-11、D-12、D-13、D-19、D-21、D-23 等模块进行优化及调整，模块编号调整为"D（HN）"，增补 D（HN）-24、D（HN）-25、D（HN）-26、D（HN）-27 模块，技术条件见表 2.4-4。

表 2.4-4　　　　　　　　D（HN）模块技术条件一览表

子模块编号	隧道断面尺寸（宽×高或内径，m×m）	隧道施工方法	电缆敷设容量（回）		支架布置
			110kV	220kV	
D（HN）-11	2.4×2.6	明挖	4	2	两侧
D（HN）-12	2.74×2.85	明挖	4	4	两侧
D（HN）-13	2.9×2.9	明挖	4	6	两侧
D（HN）-19	φ3.4	（顶管或盾构）	4	4	两侧
D（HN）-21	φ3.6	（顶管或盾构）	4	6	两侧
D（HN）-23	隧道节点	明挖	—	—	两侧
D（HN）-24	φ2.8	顶管	4	2	两侧
D（HN）-25	φ3.2	顶管	4	4	两侧
D（HN）-26	φ3.5	顶管	4	6	两侧
D（HN）-27	φ3.0	顶管	4	2	两侧

第 3 章 设计技术原则

3.1　概　　述

本通用设计贯彻国家电网有限公司基建"六精四化"的建造理念，依据现行规程规范、国家电网有限公司和国网湖南省电力有限公司最新文件精神，结合湖南省典型地形地质、气候环境和电缆通道建设特点，调研湖南电网 110～220kV 电缆线路设计、施工及运行情况确定设计技术原则。

3.2　电缆通道选型原则

根据系统输送容量、环境特点、外部因素和电缆类型、数量等因素经综合经济技术比较确定电缆敷设方式。优先采用电缆隧道或综合管廊电力舱、保护管进行敷设，在保护管敷设不满足系统输送容量需求，且未达到隧道建设标准时，采用电缆沟敷设。

3.2.1　电缆保护管敷设

按照规划电缆根数，一次建成多孔管道的电缆构筑物。根据施工工艺，包含明挖排管、水平定向钻（拉管）和顶管等形式，具备明挖条件的应采用明挖排管，明挖受限区域优先采用顶管。如采用拉管，应从土建施工难度、电气施工难度、工程造价、运维、施工工期等多方面进行综合对比，并取得运维单位的书面同意。

3.2.1.1　明挖排管

4 回及以下 110kV 电缆线路沿现有道路或规划道路人行道、绿化带敷设，穿越公路、涵洞、绿化带等允许明挖的区域，宜采用明挖排管敷设。在具备条件的地段可使用预制排管和预制工作井。

3.2.1.2　水平定向钻（拉管）

2 回及以下 110kV、220kV 电力电缆线路，在穿越大型道路路口、高速公路、铁路、地下管线密集地带、沟渠河道等明开挖困难的地带，在电缆载流量满足系统需求的条件下，经专题论证后，可采用拉管方式。应控制水平定向钻（拉管）应用范围，不允许顺路拉管。

3.2.1.3 顶管

高压电缆线路在穿越大型道路路口、高速公路、铁路、地下管线密集地带、沟渠河道等明开挖困难的地带，或软土地层、含有大量孤石、漂石或障碍物地层、松散—密实卵砾石地层等水平定向钻（拉管）无法成孔的地层均可采用顶管（一般直径 0.8～1.2m 的混凝土管或钢管），顶管一般内穿保护管敷设。

3.2.2 电缆沟敷设

4 回及以下 110kV 电缆线路，在变电站/电缆终端站内或进出线段、地势起伏较大、路径连续弯曲较多等区域，与保护管、隧道等敷设方式相连的过渡段，宜采用电缆沟敷设。2 回及以下 220kV 电缆线路，路径长度较短且不具备电缆隧道建设条件时，经专题论证后，可采用电缆沟敷设。

3.2.3 电缆隧道或综合管廊电力舱敷设

大于 2 回的 220kV 电缆线路，或大于 4 回的 110kV 电缆线路，应采用隧道敷设。在已建成或已规划综合管廊的区域，应采用综合管廊电力舱敷设。

3.3 电缆保护管敷设

电缆保护管敷设包含明挖排管、水平定向钻（拉管）、顶管。保护管敷设时电缆载流量的计算应充分考虑导体的最高允许温度、敷设方式、埋深、电缆布置方式、回路数、土壤热阻系数、环境温度、环境温升等。具体计算参考《电缆载流量计算》（JB/T 10181—2014）标准。

3.3.1 明挖排管

3.3.1.1 一般规定

（1）电缆排管每管应只穿 1 根电缆。

（2）保护管内径不宜小于电缆外径的 1.5 倍，宜采用 D225mm 或 D200mm，本通用设计附图以 D225mm 表示。

（3）保护管中心间距宜采用 350mm，如电缆载流量满足系统要求，间距可适当减小，本通用设计附图以 350mm 间距表示。

（4）管孔数量宜按远期发展预留并留适当备用孔。

（5）电缆通道的埋设深度应不小于 0.7m，如不能满足要求应采取保护措施，且不应小于 0.5m。

（6）管路应置于经整平压实土层且有足以保持连续平直的垫层上，压实度不低于 0.92。

（7）管孔端口应采取防止损伤电缆的处理措施。

（8）排管敷设的电缆上方沿线土层应铺设带有电力标识的警示带，宽度不小于排管宽度。

（9）电缆排管方式应采用素混凝土包封防护，素混凝土强度不低于 C25，管顶素混凝土厚度不小于 200mm。

（10）电缆排管路径宜保持直线，减少转弯。

（11）电缆排管应采用管枕固定。接头井、转弯井、余缆井宜采用电缆支架及夹具固定，具体要求参照电缆隧道。

（12）工作井井室内应设置安全警示标识牌。露面盖板应有电力标志、联系电话；不露面盖板应根据周边环境条件按需设置标志标识。

3.3.1.2　工作井

（1）较长电缆管路中的下列部位应设置工作井：

1）电缆牵引张力限制的间距处。按敷设在同一排管中重量最重，允许牵引力和允许侧压力最小的一根电缆计算决定。

2）电缆分支、接头处。

3）管路方向较大改变或电缆从排管转入直埋处。

4）管路坡度较大且需防止电缆滑落的必要加强固定处。

5）中间接头两侧和终端头处宜分别设置 1 处余线井。

（2）电缆工作井技术要求：

1）电缆工作井的尺寸应按满足全部容纳电缆的允许最小弯曲半径、施工作业与维护空间要求。接头工作井尺寸应考虑电缆接头尺寸及施工作业面。

2）封闭式电缆工作井的净高不宜小于 1900mm。

3）安装在工作井内的金属构件皆应用镀锌扁铁与接地装置连接。普通工作井（设置金属支架）应设接地装置，接地电阻不应大于 10Ω；接头井接地电阻不应大于 4Ω。

4）每座封闭式工作井的顶板应设置两个圆形井口，井口直径不小于 800mm 人孔。

5）每座工作井的底板应设有集水坑，向集水坑泄水坡度不应小于 0.5%。

6）工作井两端的排管孔口应封堵。

7）井盖应设置二层子盖，并符合《检查井盖》（GB/T 23858—2009）的要求，尺寸标准化，具有防水、防盗、防噪声、防滑、防位移、防坠落等功能。

8）工作井应采用钢筋混凝土结构，设计使用年限不低于 50 年，防水等级不低于二级。

9）工作井位于绿化带中，工作井出口处高度应高出绿化带地面不小于 300mm。

3.3.1.3　管材和竣工移交要求

电缆排管应采用玻璃纤维增强塑料电缆导管（优先采用连续缠绕 DBJ、DB–BWFRP）、改性聚丙烯塑料电缆导管（全新料 MPP）。管材质量应符合《电力电缆用导管技术条件　第 2 部分：玻璃纤维增强塑料电缆导管》（DL/T 802.2—2017）、《电力电缆导管技术条件　第 7 部分：非开挖用塑料电缆导管》（DL/T 802.7—2023）、《电缆用纤维增强复合材料保护管》（JC/T 988—2023）的技术要求。

新建电力排管在覆土前应对管道的平面位置、标高形成数字化成果，并在竣工验收前将管材的平面坐标、材质、型号、管径、厚度、生产厂家、出厂日期上传至管材接收单位相关管控平台，管材应自带电子芯片，芯片应包含材质、型号、管径、厚度、生产厂家、出厂日期等信息，以便于管材从出厂、运输、抽检、敷设、验收等全过程质量管控。

3.3.2　水平定向钻（拉管）

3.3.2.1　一般规定

（1）应查明管道拟穿越地段的土层结构、分布特征和工程地质性质、地震设防烈度，提供土的物理力学性指标。

（2）查明管道拟穿越地下障碍物及各类管线的平面位置和走向、类型名称、埋设深度、材料和尺寸等，其中包括已建和市政规划要求。

（3）电力管道之间及电力管道与各类地下管道、地下构筑物、道路、铁路、通信、树木等之间应符合《城市工程管线综合规划规范》（GB 50289—2016）的规定。

（4）导向孔轨迹的弯曲半径应满足电缆弯曲半径及施工机械设备的钻进条件。

（5）每孔不宜大于 1 回路，定向钻进管应全线连接后一次性铺管，管材应采取防绕措施。

（6）水平定向钻（拉管）管材宜采用 MPP 管，MPP 管适用管径为 200～300mm，拉管长度一般为 60～120m，每管只穿 1 根电缆，内径不宜小于电缆外径的 1.5 倍。

（7）拉管在电缆井浇筑装模时需对管距进行排列调整，管与管之间间隔应大于50mm，且须将光缆的管道调整至最上方。

（8）拉管施工完后，每根拉管预留牵引线，可采用尼龙绳，同时需对拉管管口进行封堵。

3.3.2.2　水平定向钻（拉管）的技术要求

（1）水平定向钻敷设的管材应满足下列基本要求：

1）能够承受施工过程中荷载作用的总应力以及回拖力。

2）能够抵抗内外的腐蚀。

3）能够承受管内外的静、动荷载。

4）能够承受电缆运行温度。

（2）采用水平定向钻敷设的钢管应具有足够的强度，且应能满足在回拖时在泥浆压力作用下的径向截面稳定。

（3）水平定向钻先导孔轨迹入土角、出土角及曲率半径可按表 3.3－1 选取。

表 3.3－1　　　　水平定向钻先导孔轨迹入土角、出土角及曲率半径

管材类型	入土角（°）	出土角（°）	曲率半径		
			$D_1 < 400mm$	$400mm \leq D_1 < 800mm$	$D_1 \geq 800mm$
塑料管	5～12	5～12	不应小于 1200 倍钻杆外径	不应小于 $250D_1$	不应小于 $300D_1$

（4）水平定向钻穿越公路、铁路时，最小覆土厚度应符合各自行业标准要求；当本行业标准无特殊要求时，最小覆土厚度应符合表 3.3－2 的要求。

表 3.3－2　　　　水平定向钻穿越各类道路最小覆土厚度

项目	最小覆土厚度
城市道路	与路面垂直净距 1.5m
公路	与路面垂直净距 1.8m；路基坡脚地面以下 1.2m
高等级公路	与路面垂直净距 2.5m；路基坡脚地面以下 1.5m
铁路	路基坡脚地面表下 5m；路堑地形轨顶下 3m；零点断面轨顶下 6m

（5）水平定向钻敷设的管道与既有地下管线交叉时，应符合电力及各行业规范、标准的要求。

（6）穿越管道所需的最终扩孔直径应根据管道总的直径按表 3.3－3 确定。

表 3.3－3　　　　　　　　　　穿越管道所需的最终扩孔直径

管道外径 D_1 （mm）	最终扩孔直径 （mm）
200～600	$D_1 \times (1.2 \sim 1.5)$
>600	$D_1 + (300 \sim 400)$

3.3.2.3　地层的适应性关系

地层的适应性关系见表 3.3－4。

表 3.3－4　　　　　　　　　　地 层 的 适 应 性 关 系

地层条件	适用	可行但有难度	难度极大
软—极软黏土、淤泥和有机堆积物		√	
中硬—硬质黏土和淤泥	√		
硬黏土和强风化泥页岩	√		
非常松散至松散砂层（砾石含量<30%重量比）		√	
中—致密度砂层（砾石含量<30%重量比）	√		
松散—密实砂砾石层（30%<砾石含量<50%重量比）		√	
松散—密实砂砾石层（50%<砾石含量<85%重量比）			√
松散—密实卵砾石层			√
含有大量孤石、漂石或障碍物地层			√
风化岩层或强胶结地层	√		
弱风化—未风化地层		√	

3.3.2.4　注浆加固

（1）注浆应在完成管道回拖和轨迹复测后马上进行，排除管道和孔壁之间的缝隙，并占据其空间，减小孔隙比，提高地基强度，防止地面发生塌陷。

（2）注浆方式：对于短距离的定向钻可采用在出入土两端孔洞入口向孔内注浆；对于长距离的定向钻工程可采用出入土两端孔洞入口向孔内注浆和管道沿途钻孔注浆结合的方式进行。

（3）注浆注意事项：

1）中间钻孔位置应准确，避免对管线造成影响。

2）多个注浆作业面时应把控注浆时机，避免泥浆封闭在独立空间。

3）注浆量确保置换全部泥浆量。

4）注浆材料性能不被泥浆破坏。

5）注浆压力值要准确计算，避免管道挤压和地面隆起。

6）注浆材料的收缩和凝结性不应对围岩和管材造成挤压和剪切力。

3.3.2.5　管材和竣工移交要求

电缆排管应采用改性聚丙烯塑料电缆导管（全新料 MPP），管材质量应符合《电力电缆导管技术条件　第 7 部分：非开挖用塑料电缆导管》（DL/T 802.7—2023）的技术要求。

非开挖定向钻拖拉管竣工图应提供三维坐标测量图，包括两端工作井的绝对标高、断面图、定向孔数量、平面位置、走向、埋深、高程、规格、材质和管束范围等信息。

3.3.3　顶管

3.3.3.1　一般规定

顶管内径应不小于保护管包络外径的 1.2 倍，不考虑有人巡检。保护管相关技术要求参照电缆保护管敷设要求执行。

3.3.3.2　管材要求

管材一般采用钢筋混凝土管、钢管等。

3.4　电缆沟敷设

3.4.1　一般规定

（1）电缆沟为盖板可开启式电缆沟，电缆沟宜在其他通道受限的情况使用，一般敷设于变电站内、变电站出线至电缆终端塔等区域，电缆沟长度不宜大于 200m。

（2）电缆沟应实现排水畅通，且应符合下列规定：

1）电缆沟的纵向排水坡度不应小于 0.5%。

2）沿排水方向每隔 50m 宜设置集水坑。

（3）电缆沟应合理设置接地装置，接地电阻应小于 5Ω。

（4）电缆沟应采用钢筋混凝土式。混凝土等级不小于 C25 级，受力钢筋宜采用 HRB400，抗渗等级不小于 P6。

3.4.2　技术要求

（1）电缆沟的尺寸应按容纳的全部电缆确定，满足敷设施工作业与维护巡视活动所需空间，并应符合表 3.4－1 的规定。

表 3.4－1　　　　　　　　　　　电缆沟内通道的净宽尺寸　　　　　　　　　　（mm）

电缆支架配置方式	电缆沟深		
	≤600	600～1000	≥1000
两侧	300*	500	700
单侧	300*	450	600

* 浅沟内不设置支架时，勿需有通道。

（2）电缆支架的层间距离应满足能方便地敷设电缆及其固定、安置接头的要求，且在多根电缆同置于一层情况下，可更换或增设任一根电缆及其接头。电缆支架的层间间距 110kV 应≥350mm，220kV 应≥450mm，每层支架只敷设 1 根电缆时，层间距离可适当减小。

（3）电缆支架的最上层、最下层布置尺寸应符合下列规定：

1）最上层支架距盖板的净距允许最小值应满足电缆引接至上侧柜盘时的允许弯曲半径要求，且不宜小于 150mm。

2）最下层支架距沟底垂直净距应满足电缆蛇形敷设的要求，且不宜小于 100mm。

3.5　电缆隧道或综合管廊电力舱

3.5.1　一般规定

（1）采用隧道敷设的电缆工程，电缆电气设计单位应将对隧道断面、排列方式、支架、监测、接地、供电、照明、排水、通风、消防等附属设施的要求，通过建设单位以正式文件提交给隧道土建建设方。

（2）同一变电站的各路电源电缆线路，宜选用不同的通道路径，若同通道敷设时应两侧布置。中性点非有效接地方式且允许带故障运行的电力电缆线路不应进入隧道、密集敷设的沟道、综合管廊电力舱。

（3）电缆排列方式宜采用一字水平布置、三角布置。同一通道内不同电压等级的电缆，应按照电压等级的高低从下向上排列，分层敷设在电缆支架上。

（4）110kV 及以上高压电缆应采用金属支架，工作电流大于 1500A 的高压电缆应采用非导磁金属支架。在强腐蚀环境，可选用耐腐蚀的刚性材料制作。

（5）为限制电缆热伸缩时的轴向力，并避免电缆弯曲变形时产生过度的金属护套疲劳应变，隧道中应采用蛇形敷设，为节约走廊宽度宜采用垂直蛇形敷设。

（6）电缆隧道的主体结构工程设计使用年限应为 100 年。

（7）电缆隧道安全等级应按隧道重要性划分，重要的电缆隧道的结构重要性系数不小于 1.1。

（8）电缆隧道的覆土厚度以及与其平行或交叉管线的净距，应根据地下管线规划、地质条件、结构安全、施工工艺等综合确定，必要时应采取相应的防护措施。

（9）当采用阻燃电缆时，电缆隧道火灾危害性类别为戊类，最低耐火等级为二级。

（10）电缆隧道的防水等级不应低于二级，各级防水标准应符合现行国家标准《地下工程防水技术规范》（GB 50108—2008）的规定。

（11）钢筋混凝土结构电缆隧道的环境类别应按现行国家标准《混凝土结构设计规范》（GB 50010—2010）选取。钢筋混凝土隧道最大裂缝宽度限制应按照结构所处环境类别确定。

（12）电缆隧道工程抗震设计，必须符合《建筑抗震设计规范》（GB/T 50011—2010）的规定。

（13）电缆隧道及工井应设置安全孔：沿隧道纵长不应小于 2 个；在城镇公共区域开挖式隧道的安全孔间距不宜大于 200m；非开挖式隧道的安全孔间距宜根据施工条件、电缆敷设及通风、消防等综合考虑确定；隧道首末两端宜设置安全门，因场地限制等不设置安全门时，宜在不大于 5m 处设置安全孔。

（14）电缆通道采用综合管廊时，110kV 及以上电缆应采用独立的电力舱，电力舱不宜与热力舱、易燃气液体舱紧邻布置。当受条件所限需要紧邻布置时，应采取有效的隔热、降温、防爆及可靠接地等措施。舱室逃生口间距不宜大于 200m，逃生口尺寸不应小于 1m×1m，当为圆形时，内径不应小于 1m；电力电缆应采用阻燃电缆或不燃电缆；通信线缆应采用阻燃线缆。

（15）每隔 200m 应设置不小于 3h 不燃结构隔断，甲级防火门。

3.5.2　隧道结构设计

3.5.2.1　明挖隧道

（1）明挖隧道宜采用以概率理论为基础的极限状态设计方法，以可靠度指标度量结构构件的可靠度，以分项系数设计表达式进行设计。

（2）明挖隧道结构按承载能力极限状态计算和按正常使用极限状态验算时，应按规定的荷载对结构的整体进行荷载效应分析，必要时，尚应对结构中受力状况特殊的部分进行更详细的结构分析。

（3）明挖隧道顶板或拱顶上部垂直土压力宜按全土柱计算。

（4）明挖隧道宜按底板支撑在弹性地基上的结构计算。

（5）明挖隧道应根据地质、埋深、施工方法等条件，进行抗浮、整体滑移及地基承载力验算。

3.5.2.2　顶管隧道

（1）顶管隧道按以下两种极限状态进行设计时，应分别计算以下内容：

1）承载能力极限状态：顶管结构纵向超过最大顶力破坏，管壁因材料强度被超过而破坏；隧道的管段接头因顶力超过材料强度破坏。

2）正常使用极限状态：钢筋混凝土隧道裂缝宽度超过规定限值。

（2）顶管隧道结构按承载能力极限状态计算和按正常使用极限状态验算时，除按规定的荷载对结构的整体进行荷载效应分析，必要时，尚应对结构中受力状况特殊的部分进行更详细的结构分析。

（3）隧道结构内力分析均应按弹性体系计算，不考虑由非弹性变形所引起的塑性内力重分布。

（4）顶管管径应根据设计功能及相关要求确定。顶管一般采用钢筋混凝土管，并应按刚性管计算。

（5）顶进土层选择应符合下列规定：

1）顶管可在淤泥质黏土、黏土、粉土及砂土中顶进。

2）下列情况下不宜采用顶管施工：① 土体承载力 f_d 小于 30kPa；② 岩土强度大于 15MPa；③ 土层中砾石含量大于 30%或粒径大于 200mm 的砾石含量大于 5%；④ 江河中

覆土层渗透系数 K 大于或等于 10^{-2}cm/s。

3）长距离顶管不宜在土层软硬明显的界面上顶进。

（6）顶管的覆土厚度应符合下列规定：

1）顶管覆土厚度一般不宜小于 1.5 倍管径，并应大于 1.5m。

2）穿越河道时应满足河道的规划要求，布置在河床的冲刷线以下，覆土厚度不宜小于 2.5m。

3）在有地下水地区及穿越河道时，顶管覆土厚度应满足管道抗浮要求。

（7）顶管间距应满足下列要求：

1）互相平行的管道水平间距应根据土层性质、管道直径和管道埋置深度等因素确定，一般情况下宜大于 1 倍的管道外径。

2）空间交叉管道的净间距，钢筋混凝土管不宜小于 1 倍管道外径，且不宜小于 2m。

3）顶管底与建筑物基础底面相平时，直径小于 1.5m 的管道宜与建筑物基础边缘保持 2 倍管径间距，直径大于 1.5m 的管道宜保持 3m 净距。

4）顶管底低于建筑基础底标高时，其间距尚应满足地基土体稳定性的要求。

3.5.2.3　盾构隧道

（1）隧道的断面形状除应满足电缆敷设的要求外，还应根据受力分析、施工难度、经济性等因素确定，宜优先采用圆形断面。

（2）隧道的平面线形宜选用直线和大曲率半径的曲线。

（3）盾构法施工的电缆隧道的覆土厚度不宜小于隧道外径，局部地段无法满足时应采取必要的措施。

（4）隧道衬砌宜采用接头具有一定刚度的柔性结构，并限制结构和接缝变形，满足结构受力和防水要求。

（5）隧道结构在施工阶段和使用阶段应进行抗浮验算。

3.5.3　空间布置

电缆隧道及综合管廊电力舱横断面设计应根据终期建设规模、电压等级、结构型式、灾害和施工功法特点要求确定，并应与隧道的平面、纵断面相协调。

综合管廊电力舱单舱净高不宜小于 2.4m，不宜大于 3.5m。

3.5.3.1　普通段布置

开挖隧道最小净高按行人、灯具、消防设施等综合考虑（不小于 1.9m）；开挖式隧道和较长的顶管或盾构隧道检修通道宽度不宜小于 1.2m，距离短且回路较少的出站、低穿道路或者其他管线的顶管隧道检修通道宽度不宜小于 1m。

隧道内单根支架根据线路规模敷设 1 根、2 根或 3 根电缆。支架层间距 110kV 电缆支架应≥350mm，220kV 电缆支架应≥450mm，当 1 根电缆单层敷设时，层间距离可适当减小。槽盒支架与顶板的净距≥槽盒高度＋100mm，支架距离底板距离考虑蛇形弧幅＋滑移量＋50mm。

支架长度根据电缆外径、夹具长度等综合考虑。

3.5.3.2　接头段布置

隧道最小净高按行人、灯具、消防设施等综合考虑（不小于 1.9m）；开挖式隧道和较长的顶管或盾构隧道检修通道宽度不宜小于 1.2m，距离短且回路较少的出站、低穿道路或者其他管线的顶管隧道检修通道宽度不宜小于 1m。

隧道内单根支架根据线路规模敷设 1 根、2 根或 3 根电缆。接头段电缆终端头需错开布置，110kV 电缆 T 接头、220kV 电缆中间接头等体积较大时，可将不接头相挪至其他层敷设，或在满足检修通道宽度的前提下更换较长的电缆支架。原则上接头层支架层间距 110kV 电缆支架应≥400mm，220kV 电缆支架应≥500mm，并满足对应电缆中间接头、T 接头尺寸要求，当 1 根电缆单层敷设时，层间距离可适当减小。槽盒支架与顶板的净距应≥槽盒高度＋100mm。支架距离底板距离应≥150mm。

支架长度根据电缆外径、电缆头外径、夹具长度等综合考虑。

3.5.4　接地

（1）电力隧道内接地系统应形成环形接地网，发电厂、变电站进出线电力隧道接地网应与发电厂、变电站接地网两点及以上相连接，接地装置的接地电阻应小于 5Ω，综合接地电阻应小于 1Ω。

（2）隧道内高压电缆系统应设置专用的接地回流排或接地干线（不小于 $300mm^2$），且应在不同的两点及以上就近与综合接地网相连接。

（3）隧道内的高压电缆接头、接地线与专用接地回流排或接地干线可靠连接。

3.5.5　电缆支持与固定

3.5.5.1　电缆支架

（1）电缆支架应符合下列规定：

1）表面应光滑无毛刺。

2）应适应使用环境的耐久稳固。

3）应满足所需的承载能力。

4）应符合工程防火要求。

5）金属支架的端部应有保护套等防护措施。

（2）金属电缆支架应有防腐处理。

（3）电缆支架的强度应满足电缆及其附件荷重和安装维护的受力要求。

（4）金属支架应可靠接地。

3.5.5.2　电缆的蛇形敷设

（1）电缆蛇形敷设的参数选择，应保证电缆因温度变化产生的轴向热应力无损电缆的绝缘，避免电缆金属套长期使用产生应变疲劳导致断裂，且宜按允许拘束力条件确定。

（2）垂直蛇形节距根据电缆截面选择，一般宜取 4～6m。

（3）蛇形弧幅一般取电缆直径的 1.0～1.5 倍。

3.6　电 缆 及 附 件

3.6.1　总的原则

110kV 及以上电压等级同一受电端的双回或多回电缆线路应选用不同生产厂家的电缆、附件。

3.6.2　电缆型式选择

3.6.2.1　电缆导体

110～220kV 电缆应选用铜芯电缆，每回路应选用单芯电缆。

标称截面积为 800mm² 以下的导体应采用紧压绞合圆形结构；标称截面积为 800mm² 以上应采用分割导体结构；800mm² 可采用紧压绞合圆形结构，也可采用分割导体结构。

3.6.2.2 电缆绝缘

电缆宜选用交联聚乙烯绝缘，并采用绝缘层与导体屏蔽和绝缘屏蔽三层共挤干式交联工艺。

在人员密集场所或有低毒性要求的场所，应选用交联聚乙烯等无卤素电缆，不应选用聚氯乙烯绝缘电缆。

3.6.2.3 电缆护层

（1）110～220kV 电缆金属护套材料宜采用铝，外护层材料采用聚氯乙烯或聚乙烯。

（2）在防火要求高的场所宜采用含有阻燃剂的外护层。

（3）有白蚁危害的场所应在非金属外护层外采用防白蚁护层。

（4）有鼠害的场所宜在外护层外添加防鼠金属铠装，或采用硬质护层。

（5）有化学溶液污染的场所应按其化学成分采用相应材质的外护层。

（6）110kV 及以上电压等级的电缆应有纵向阻水功能。

（7）110kV 及以上电压等级电缆应选用阻燃电缆，其成束阻燃性能应不低于 C 级。

（8）电缆外电极（石墨层）应采用挤出工艺，不采用喷涂工艺。

3.6.2.4 常用电缆型号

常用电缆型号见表 3.6－1。

表 3.6－1　　　　　　　　　　常 用 电 缆 型 号

型号	名称	使用范围
ZC－YJLW$_{02}$－Z	交联聚乙烯绝缘皱纹铝护套聚氯乙烯外护套阻燃 C 类纵向阻水电力电缆	可在有防火要求的地方使用，并能承受一定的压力
ZC－YJLW$_{03}$－Z	交联聚乙烯绝缘皱纹铝护套聚乙烯外护套阻燃 C 类纵向阻水电力电缆	可在潮湿环境及地下水位较高的地方使用，并能承受一定的压力

3.6.3 电缆截面的选择

（1）电缆导体最小截面的选择，应同时满足规划载流量和通过可能的最大短路电流时热稳定的要求。

（2）交联聚乙烯电缆线路正常运行时导体允许的长期最高运行温度为 90℃，短路时最高温度为 250℃。

（3）电缆导体截面的选择应结合敷设环境来考虑，并按《电缆载流量计算》（JB/T

10181）计算公式计算。

（4）电缆线路的载流量，应根据电缆导体的允许工作温度确定，需结合电缆各部分的损耗和热阻，以及敷设方式、并列回路数、环境温度、散热条件、土壤热阻系数等边界条件计算确定。

3.6.4　电缆分段长度

电缆分段长度应满足电缆分盘运输、电缆金属屏蔽层感应电压以及施工过程中牵引力和侧压力的要求。电缆的交叉互联各小段长度应尽量保持一致，长短差值不宜大于 5%；改接电缆线路应尽量减少中间接头的数量，中间接头的距离不宜过近。

3.6.5　电缆附件的选择

3.6.5.1　电缆接头

绝缘接头的绝缘隔离板应能承受所连电缆护层绝缘水平 2 倍的电压。电缆接头应配置保护壳。

3.6.5.2　电缆终端

（1）110kV 及以上户外终端宜有以下配套部件：防晕罩或屏蔽环；终端与支架绝缘用的底座绝缘子。

（2）不外露于空气中的电缆终端装置类型应按下列条件选择：与变压器直接连接时宜选用油浸式终端；与 SF_6 气体绝缘金属封闭组合电器直接相连时应选用 GIS 终端。

（3）户外电缆终端的外绝缘必须满足环境条件的要求。在一般环境条件下，外绝缘的泄漏比距不应小于 25mm/kV，并不低于架空线绝缘子串的泄漏比距。

（4）GIS 终端的结构和尺寸应和变电设备相匹配。

（5）电缆架空线引线较长时，应经绝缘子串联到电缆终端。

（6）110kV 及以上电压等级电缆线路不应选择户外干式柔性终端。

（7）110kV 及以上电压等级电缆的 GIS 终端和油浸终端宜选择插拔式，户外终端应选择复合套管终端。

3.6.5.3　常用电缆附件型号

常用电缆附件型号见表 3.6－2。

表 3.6－2 　　　　　　　　　　　常 用 电 缆 附 件 型 号

型号		产品名称
主型号	含副型号	
YJZWFY	YJZWFY2 YJZWFY3 YJZWFY4	交联聚乙烯绝缘电力电缆用液体填充绝缘复合套管终端，外绝缘污秽等级 c 级； 交联聚乙烯绝缘电力电缆用液体填充绝缘复合套管终端，外绝缘污秽等级 d 级； 交联聚乙烯绝缘电力电缆用液体填充绝缘复合套管终端，外绝缘污秽等级 e 级
YJZGG	—	交联聚乙烯绝缘电力电缆用干式绝缘 GIS 终端
YJJTI	YJJTI1 YJJTI2	交联聚乙烯绝缘电力电缆用整体预制橡胶绝缘件直通接头，玻璃钢保护盒； 交联聚乙烯绝缘电力电缆用整体预制橡胶绝缘件直通接头，绝缘铜壳保护盒
YJJJI	YJJJI1 YJJJI2	交联聚乙烯绝缘电力电缆用整体预制橡胶绝缘件绝缘接头，玻璃钢保护盒； 交联聚乙烯绝缘电力电缆用整体预制橡胶绝缘件绝缘接头，绝缘铜壳保护盒

3.7 防 火 和 封 堵

3.7.1 防火

（1）严禁在变电站电缆夹层和竖井等缆线密集区域布置电缆接头。

（2）变电站内同一电源的 110kV 及以上电压等级电缆线路同通道敷设时应两侧布置。同一通道内不同电压等级的电缆，应按照电压等级的高低从下向上排列，分层敷设在电缆支架上。

（3）在电缆沟、隧道、综合管廊中，需按规范规定设置防火墙或阻火段。

（4）电缆接头应采用防火毯进行防火防爆隔离措施。

（5）在接头及电缆穿越墙壁、楼板等两侧电缆各约 3m 区段和该范围内邻近并行敷设的其他电缆上，优先采用自粘性阻燃包带实施阻止延燃，自粘性阻燃包带按 1/2 搭接方式叠绕于电缆表面。

（6）变电站夹层的所有电缆均应采用阻燃包带或防火涂料等实施阻止延燃。

（7）弱电、控制电缆等低压电缆及光缆应与电缆隧道内其他设施隔离，可采用耐火槽盒敷设。

（8）电缆及通道防火应符合《高压电缆及通道防火技术规范》（Q/GDW 12067—2020）的要求。

3.7.2　排管封堵

排管与隧道和变电站接口、接头井两侧及相邻电缆井管孔应采用阻水法兰进行封堵。

其他工作井管口采用柔性有机防火堵料封堵，封堵应有足够的长度和密封性，以不透光为准，封堵厚度不低于 200mm，并符合《防火封堵材料》（GB 23864—2023）的要求，防火封堵完成后宜采用防水材料对管缝进行封堵。

第 4 章　过电压保护及护层接地

4.1　概　　述

电缆线路运行过程中除承受正常运行时的工频持续电压外，还有电力系统的暂时过电压（包括工频过电压和谐振过电压）、操作过电压和雷电过电压。

根据《交流电气装置的过电压保护和绝缘配合设计规范》（GB/T 50064—2014）、《电力工程电缆设计标准》（GB 50217—2018）、《高压电缆选用导则》（DL/T 401—2017）和国家电网有限公司现行通用设计技术原则，参考《国网湖南省电力有限公司关于电网工程高压电缆设计建设的实施意见》（湘电公司建设〔2019〕508 号），合理选择电缆及其附件型号与正确的金属套接地方式，结合湖南地区特点合理设计、灵活组合，并依循相关的施工和运行标准，确保线路运行过程的稳定性、可靠性，更好地满足城市中心的供电需求。

本通用设计适用于中性点有效接地的 110kV、220kV 电力系统中的单芯电力电缆。

4.2　过电压保护

为防止电缆和附件的主绝缘遭受过电压损坏，本通用设计采取以下保护措施：

（1）露天变电站内的电缆终端，必须在站内的避雷针或避雷线保护范围以内，以防止直击雷。

（2）电缆线路与架空线相连的一端应装设避雷器，采用电缆出站的线路宜在变电站侧的电缆终端直接接地，架空侧金属套配备护层电压限制器。

（3）电缆线路一端与架空线相连，而线路长度小于其冲击特性长度或者电缆线路两端均与架空线相连，应在两端分别装设避雷器。

4.3　绝　缘　配　合

绝缘配合是根据电缆运行过程中所承受的各种电压，考虑保护装置的效用和绝缘耐受特性，确定电缆及其附件必要的耐受水平。

保护电缆线路免受过电压损坏主要是采用避雷器和护层电压限制器进行保护，参考

《交流无间隙金属氧化物避雷器》（GB/T 11032—2020）、《交流金属氧化物避雷器选择和使用导则》（GB/T 28547—2023）和《电力工程电缆设计标准》（GB 50217—2018）等规程规范，本通用设计避雷器应符合下列技术规定：

（1）冲击放电电压应低于被保护的电缆线路的绝缘水平，并留有一定裕度。

（2）冲击电流通过避雷器时，两端子间的残压值应小于电缆线路的绝缘水平。

（3）当雷电过电压侵袭电缆时，电缆上承受的电压为冲击放电电压和残压，两者之间数值较大者称为电压保护水平 U_p，电缆线路基本绝缘水平 $BIL =$（120%～130%）U_p。

（4）对于 110kV、220kV 中性点有效接地系统，采用金属氧化物避雷器的额定电压不低于系统最高工作电压的 0.75 倍。

4.4 电缆护套接地

当电缆导线通过电流时，其周围产生的一部分磁力线将与金属护套交联，使护套产生感应电压，感应电压的大小与电缆的长度和流过导线的电流成正比。当电缆很长时，护套上的感应电压叠加起来可达到危及人身安全的程度。当线路不对称或发生短路故障时，金属护套上的感应电压会达到很大的数值；当线路遭受操作过电压或雷击过电压时，护套上也会形成很高的感应电压，将使护层绝缘击穿。

限制感应电压的措施主要有三种，分别为金属护套两端接地、金属护套一端接地及金属护套交叉互联接地。高压单芯电力电缆采用两端直接接地方式时，所产生的环流可以达到缆芯电流的 55% 以上，甚至更高。环流产生的护套损耗会使电缆发热严重，降低电缆的使用寿命，本通用设计的金属护层接地不采用两端直接接地。

在同一传输线路中不同的电缆接地方式对护套感应电压有较大影响，选择恰当的接地方式可有效地降低甚至消除护套感应电压及护套环流幅值，提高电缆的载流量，提高输电效率，保证安全稳定运行。金属护套接地时要综合考虑电缆敷设长度、经济费用、断面空间限制、对载流量的影响等因素。

4.4.1 金属护套单端接地

金属护套单端接地包含金属护套首端接地及金属护套中点接地两种情况。金属护套首端接地是指电缆金属护套在一端采用直接接地，另一端通过护层电压限制器与大地相连的方式；金属护套中点接地是电缆金属护套的两端通过护层电压限制器与大地相连，中间护套直接与大地可靠相接的方式。

电缆相同敷设长度下，首端接地的护套感应电压是中点接地的护套感应电压的两倍。中点接地可避免感应电压过高导致电缆绝缘护层被击穿，因此具有一定的安全系数。

4.4.1.1 金属护套首端接地

结合湖南电网 110kV、220kV 电缆线路设计、施工及运行情况，应根据感应电压计算结果和运输、施工作业条件确定分段长度，符合要求时采用金属护套单端接地方式，即金属套一端直接接地，另一端通过护层保护器接地。

金属套首端接地有两种配置方式：

（1）站内侧直接接地、架空侧保护接地。直接接地设置在站内，接地电阻低，有利于电缆线路运行。

（2）站内保护接地、架空侧直接接地。直接接地设置架空侧，在雷电波沿架空线侵入时，可降低对电缆护层的影响。

根据湖南地区的实际运行经验，电缆线路单端接地系统直接接地宜设置于变电站侧。

4.4.1.2 金属护套中点接地

中点接地相当于两个首端接地相连，所以中点接地的敷设长度是首端接地长度的两倍。

金属护套中点接地有两种配置方式。

（1）中间接头采用直通接头，配置一套直接接地箱，但当电缆外护套出现故障时，无法确定故障点在接头的左侧还是右侧，电缆维护不方便。

（2）中间接头采用绝缘接头。需增加一套直接接地箱，成本略有增加，但能快速确定故障点的位置，方便维护。湖南地区推荐中间接头采用绝缘接头。

4.4.1.3 回流线的设置

当三相系统发生单相短路，特别是当接地故障点发生在电厂或者变电站附近时，单相接地短路电流可以通过回流线流回系统的中性点，特别是当接地故障发生在回流线的接地网中时，接地电流的绝大部分通过回流线。由于通过回流线的接地电流产生的磁通抵消了一部分电缆导线接地电流所产生的磁通（两者电流方向相反），因而装设回流线后可降低短路故障时护套的感应电压，同时也防止了电缆线路附近的二次信号和通信用的电缆产生很大的感应电压。回流线的两端应可靠接地，截面积应满足短路电流热稳定的要求。

单端接地的电缆线路装设回流线的要求如下：

（1）在电缆线路正常运行时，要求三相线路在回流线上的感应电动势矢量和为零，以免在产生感应电流时造成附加损耗。

（2）回流线与线路各相距离符合"三七开"原则，即回流线到边相的距离与回流线到中间相的距离比为 3:7。

4.4.2　金属护套交叉互联接地

交叉互联接地是电缆线路敷设时比较常用比较重要的方法，当单芯电缆线路较长、工作电流较大时，无论是首端接地还是中点接地都不能有效地减少金属护套上的感应电压，降低护套环流，这时必须采用金属护套交叉互联方式接地。

如果金属护套的长度相同，且三相电流相互平衡时经过换位后护套中的电流向量和为零，则两端接地点之间电压为零，不会产生护套环流，此时护套中的最大电压为单元中感应电压的极值。交叉互联首末端可以直接接地，但实际中金属护套长度不可能完全相同，回路中会产生一定的感应电压及护套环流。

本通用设计中建议金属护套交叉互联接地时，电缆分段长度原则上相差不大于 5%，受条件所限分段长度差值大于 5% 时需进行验算。

电缆线路交叉互联，每一大段两端接地，当线路发生单相接地短路时，接地电流不通过大地，此时的护套也相当于回流线，因此交叉互联的电缆线路不必再装设回流线。

将电缆线路分段，护套交叉互联，同时再将三相电缆连接地进行换位，这样不但对称排列的三相电缆护套电位向量和为零，就是在不对称的水平排列三相电缆中，由于电缆每小段进行了换位，每大段全换位，三相电缆护套感应电压相差很小，相位差 120°，其向量和很小，产生的环形电流也几乎为零。因此电缆换位、金属护套交叉互联较单独的护套交叉互联效果更好，此种连接方法适合于电缆比较容易换位的场所，如隧道等。

4.4.3　GIS 设备与电缆终端头接地之间的连接

出线采用 GIS 设备通过电缆出站时，为避免开关操作过程中 GIS 设备外壳与电缆终端头外壳存在压差产生电火花，需在 GIS 设备外壳与电缆接头、护层接地系统之间加装过电压限制器。

4.5　感　应　电　压

当电缆通过交流电时，导体电流产生的一部分磁通与金属护套或屏蔽层交联，这部分磁通使屏蔽层产生感应电压。感应电压的大小与电缆线路的长度、电流的大小及频率、电缆排列中心距离和金属护套平均半径之比的对数成正比。

感应电压计算主要包括：① 正常工频电压下的护层感应电压计算；② 工频短路下的护层感应电压计算；③ 冲击电压下的护层感应电压或电缆金属套不接地端装设保护器时的冲击电流计算。

正常工频电压下的护层感应电压宜按照《电力工程电缆设计标准》（GB 50217—2018）附录 F 计算。

工频短路下的护层感应电压宜按照《高压电缆选用导则》（DL/T 401—2017）附录 B 计算。

冲击电压下的护层感应电压或电缆金属套不接地端装设保护器时的冲击电流宜按照《电力工程设计手册　电缆输电线路设计（2019 版）》第四章 "电缆的电气计算"中第二节计算。

正常工频电压下，在金属护套或屏蔽层上任一点非接地处的正常感应电压应符合下列规定：

（1）未采取能防止人员任意接触金属护套或屏蔽层的安全措施时，在满负荷情况下，不得大于 50V。

（2）采取能防止人员任意接触金属护套或屏蔽层的安全措施时，在正常满负荷的情况下，不得大于 300V。

工频短路时金属套产生的工频感应电压不得超过电缆护层绝缘耐受强度或护层电压限制器的工频耐压。

冲击电压、大冲击电流作用下护层电压限制器的残压不得大于电缆护层的冲击耐压被 1.4 所除数值。

4.6　主要设备选型要求

4.6.1　回流线

实行单点直接接地的单芯电缆线路，如系统短路时电缆金属护层产生的工频感应电压，超过电缆护层绝缘耐受强度或护层电压限制器的工频耐压，或在系统发生单相接地故障对邻近弱电线路有干扰时，需沿电缆线路平行敷设一根回流线。回流线的阻抗及两端接地电阻，应达到抑制电缆金属护层工频感应过电压，并应使其截面满足最大暂态电流作用下的热稳态要求。回流线的排列布置方式，应使电缆正常工作时在回流线上产生的损耗最小。电缆线路任一终端在发电厂、变电站时，回流线应与电源中性线接地的接地网连通。

4.6.2 接地电缆

接地电缆应尽可能短，绝缘水平不得小于电缆外护套的绝缘水平。接地电缆截面应满足系统单相短路电流通过时的热稳定要求。回流线、接地电缆（铜芯）截面参考选型见表 4.6－1。

表 4.6－1 回流线、接地电缆（铜芯）截面参考选型表

电压等级 （kV）	交联聚乙烯绝缘电缆短路电流 （kA）	回流线、接地电缆（铜芯）截面积 （mm²）
220	≤11.6	120
	11.6～24.5	150
	24.5～30.3	185
	30.3～35.3	240
	35.3～45.2	300
	45.2～65.6	400
110	≤12.4	120
	12.4～20.6	150
	20.6～25.4	185
	25.4～32.9	240
	32.9～41.1	300

4.6.3 接地箱

电缆护层接地箱可分为直接接地箱、保护接地箱和交叉互联接地箱。电缆护层接地箱箱体不得选用铁磁材料，并应良好密封，固定牢固可靠，接地箱的防水密封性能满足 IP68 的要求。

4.6.4　护层电压限制器

实行单点直接接地和交叉互联接地的单芯电缆线路，为防止护层绝缘遭受过电压损坏，应按规定安装金属护层电压限制器，并满足下列规定：

（1）在系统可能的大冲击电流作用下的残压，不得大于电缆护层冲击耐受电压被 1.4 所除数值。

（2）系统短路时产生的最大工频感应过电压作用下，在可能长的切除故障时间内，护层电压限制器应能耐受。切除故障时间应按 2s 计算。

（3）可能最大冲击电流累计作用 20 次后，电缆护层电压限制器不被损坏。

第5章　电缆排管及其工作井

5.1 概　　述

本章为电缆排管敷设模块和排管工作井模块，模块命名参考国家电网有限公司现行通用设计原则和方法，结合湖南电网特点和 110kV 电缆线路设计及建设情况，本通用设计对电缆排管和工作井的相应设计尺寸进行了调整及优化，调整后的排管模块编号为"B（HN）"，排管工作井模块编号为"F（HN）"。

5.2 适　用　范　围

电缆排管敷设模块按照敷设的电缆回路数不同分为 4 个模块，编号为 B（HN）-1～B（HN）-4，每个模块对应明开挖排管。各型式技术条件见表 5.2-1。

表 5.2-1　　　　　　　　B（HN）模块技术条件一览表

模块	电压等级 （kV）	排管孔数	电缆截面 （mm²）	图纸编号
B（HN）-1	110	4 孔 D225mm + 2 孔 D100mm	1×630～1×1600	B（HN）-1-1 B（HN）-1-2
B（HN）-2	110	8 孔 D225mm + 2 孔 D100mm	1×630～1×1600	B（HN）-2-1 B（HN）-2-2
B（HN）-3	110	12 孔 D225mm + 3 孔 D100mm	1×630～1×1600	B（HN）-3-1 B（HN）-3-2
B（HN）-4	110	16 孔 D225mm + 4 孔 D100mm	1×630～1×1600	B（HN）-4-1

电缆排管工作井模块按功能不同共分为 4 个模块，编号为 F（HN）-ZX、F（HN）-ZJ、F（HN）-JT、F（HN）-YX。每个模块分别对应直线工作井 ZX、转角工作井 ZJ、接头工作井 JT、余线工作井 YX。其中余线工作井优先采用水平余线工作井 YX（SP）。本模块与 B（HN）模块一起组合使用。各型式技术条件见表 5.2-2。

表 5.2-2　　　　　　　　F（HN）模块技术条件一览表

模块	电压等级 （kV）	匹配排管模块和孔数	图纸编号
F（HN）-ZX	110	B（HN）-1-2	F（HN）-ZX-1
		B（HN）-2-2 B（HN）-3-2	F（HN）-ZX-2

续表

模块	电压等级 （kV）	匹配排管模块和孔数	图纸编号
F（HN）－ZX	110	B（HN）－1－1 B（HN）－2－1 B（HN）－3－1 B（HN）－4－1	F（HN）－ZX－3
F（HN）－ZJ	110	B（HN）－1－2 B（HN）－2－2 B（HN）－3－2	F（HN）－ZJ－1（1/2） F（HN）－ZJ－1（2/2）
	110	B（HN）－1－1 B（HN）－2－1 B（HN）－3－1 B（HN）－4－1	F（HN）－ZJ－2（1/2） F（HN）－ZJ－2（2/2）
F（HN）－JT	110	B（HN）－2－1 B（HN）－2－2	F（HN）－JT－1（1/2） F（HN）－JT－1（2/2）
	110	B（HN）－3－1 B（HN）－3－2 B（HN）－4－2	F（HN）－JT－2（1/2） F（HN）－JT－2（2/2）
F（HN）－YX	110	B（HN）－2－1	F（HN）－YX（SP）－1（1/2） F（HN）－YX（SP）－1（2/2）

5.3 技 术 要 求

5.3.1 排管

（1）排管所需孔数除按电网规划敷设电缆根数外，还应考虑光缆通信、电缆回流线通道、电缆散热管孔及适当备用孔供更新电缆用。本通用设计单独设置了通信管孔，未单独考虑设置回流线管孔，如有需要，可占用备用管孔。

（2）本通用设计以玻璃纤维增强塑料电缆导管为例标注尺寸。排管材质不同，排管中心距有微小差别。

（3）电缆通道的埋设深度应不小于 0.7m，如不能满足要求应采取保护措施，且不应小于 0.5m。

（4）保护管内径不宜小于电缆外径的 1.5 倍，宜采用 D225mm 或 D200mm，本通用设计附图以 D225mm 表示。

（5）保护管中心间距宜采用 350mm，如电缆载流量满足系统要求，间距可适当减小，本通用设计附图以 350mm 间距表示。

（6）禁止电缆与其他管道上下平行敷设。电缆与管道、地下设施、公路平行交叉敷设需满足有关规范、规程的要求。

（7）敷设电缆前应对已建成段落的电缆排管进行检查、试通。严格计算整段电缆在排管中的牵引力与侧压力，控制在电缆制造厂的允许值范围内，管口两端严密封堵。斜率过大的排管段，应在其顶端的其他电缆构筑物加装电缆固定设施，以防止电缆滑落。

5.3.2 排管材料

参考国家电网有限公司现行通用设计技术原则相关内容，并结合湖南省 110kV 电缆线路设计建设经验，电缆排管按以下原则选择材料，工程设计中可根据情况参考采用。

（1）本通用设计排管采用素混凝土包封、混凝土强度等级不应低于 C25，垫层混凝土强度等级不应低于 C15。混凝土包封的底板厚度应根据具体工程中的荷载情况进行验算。

（2）电缆排管应采用玻璃纤维增强塑料电缆导管（优先采用连续缠绕 DBJ、DB－BWFRP）、改性聚丙烯塑料电缆导管（全新料 MPP）。管材质量应符合《电力电缆用导管技术条件 第 2 部分：玻璃纤维增强塑料电缆导管》（DL/T 802.2—2017）、《电力电缆导管技术条件 第 7 部分：非开挖用塑料电缆导管》（DL/T 802.7—2023）、《电缆用纤维增强复合材料保护管》（JC/T 988—2023）的技术要求。

（3）排管的内径宜按不小于 1.5 倍的电缆外径的规定来选择，管的内径宜采用 D225mm，不得小于 D200mm。

5.3.3 电缆排管工作井

电缆排管工作井设计应满足电气需求，遵循技术先进、安全适用、经济合理原则。电缆工作井采用钢筋混凝土结构，其结构应满足实际使用要求，本通用设计中工作井按照布置在人行道、绿化带等场景考虑，顶部活荷载按 5kPa 考虑设计，在具体设计时应根据应用场景进行结构荷载验算。

（1）工作井长度根据敷设在同一工作井内最长的电缆接头以及能吸收来自排管内电缆的热伸缩量所需的伸缩弧尺寸确定，且伸缩弧的尺寸应满足电缆在寿命周期内电缆金属护套不出现疲劳现象。

（2）工作井间距按计算牵引力及侧压力不超过电缆允许牵引力和侧压力来确定。

（3）每座工作井设人孔 2 个，用于采光、通风以及工作人员出入。人孔基座的具体预留尺寸应与井盖匹配。人孔基座宜采用预制混凝土结构或现浇混凝土结构。

（4）工作井宜采用直径为 950mm（净空约 900mm）的圆形井盖，材料宜采用球墨铸铁材料，井盖应能承受实际荷载要求。

（5）在 10%以上的斜坡排管中，在标高较高一端的工作井内设置防止电缆因热伸缩而滑落的构件。

5.3.4　电缆排管工作井附属设施的一般要求

根据《城市电力电缆线路设计技术规定》（DL/T 5221—2016）相关规定，结合湖南电网电缆设计运行经验，电缆排管工作井附属设施一般应符合以下要求：

（1）工作井内所有的金属构件均应作防腐处理并可靠接地。

（2）常用的电缆支架、立柱制作后，可在现场进行组装，根据电缆工作井内所敷设电缆的规模选择支架层数和立柱间距。

（3）电缆支架一般沿侧墙布置，立柱垂直于底板安装，纵向应平顺，各支架的同层横担应在同一水平面上；余线工作井和转角工作井支架应结合电缆敷设路径布置，土建宜先做好接地，待电缆敷设后再安装支架。材质以普通钢材为主，支架表面进行防腐处理，防腐层应牢固且耐久。

5.3.5　排管及电缆排管工作井防水及防洪设计

根据《电力工程电缆设计标准》（GB 50217—2018）及《城市电力电缆线路设计技术规定》（DL/T 5221—2016）等规程规范，结合考虑洪涝灾害对电网的影响情况，排管及电缆排管工作井防水及防洪设计应注意以下事项，设计可根据具体情况参考采用。

（1）排管工作井应采用钢筋混凝土结构，设计使用年限不应低于 50 年，防水等级不应低于二级。

（2）排管工作井需设置集水坑，集水坑泄水坡度不小于 0.5%。

（3）排管工作井设置在绿化带内时井盖宜高于绿化带地面高程 300mm，并应配备防水封堵和防倒灌设施。当工作井设置在人行道时井盖宜高于人行道地面 5mm，四周做斜坡与路面顺接。

（4）对于备用和未敷设电缆的排管管位、排管工作井穿线孔应采用专用的封堵材料进行防水封堵。其中排管与隧道和变电站接口、接头井两侧及相邻电缆井管孔应采用阻水法兰进行封堵。

5.4　设　计　图

B 模块设计图清单详见表 5.4－1。

表 5.4－1　　　　　　　　　　B 模 块 设 计 图 清 单

图序	图名	图纸编号
图 5.4－1	【4 孔 D225mm（1×4）+2 孔 D100mm】混凝土包封排管断面图	B（HN）－1－1
图 5.4－2	【4 孔 D225mm（2×2）+2 孔 D100mm】混凝土包封排管断面图	B（HN）－1－2
图 5.4－3	【8 孔 D225mm（2×4）+2 孔 D100mm】混凝土包封排管断面图	B（HN）－2－1
图 5.4－4	【8 孔 D225mm（2×3+2）+2 孔 D100mm】混凝土包封排管断面图	B（HN）－2－2
图 5.4－5	【12 孔 D225mm（3×4）+3 孔 D100mm】混凝土包封排管断面	B（HN）－3－1
图 5.4－6	【12 孔 D225mm（4×3）+3 孔 D100mm】混凝土包封排管断面图	B（HN）－3－2
图 5.4－7	【16 孔 D225mm（4×4）+4 孔 D100mm】混凝土包封排管断面图	B（HN）－4－1

F 模块设计图清单详见表 5.4－2。

表 5.4－2　　　　　　　　　　F 模 块 设 计 图 清 单

图序	图名	图纸编号
图 5.4－8	直线工作井结构布置图（一）	F（HN）－ZX－1
图 5.4－9	直线工作井结构布置图（二）	F（HN）－ZX－2
图 5.4－10	直线工作井结构布置图（三）	F（HN）－ZX－3
图 5.4－11	转角工作井结构布置图（一）（1/2）	F（HN）－ZJ－1（1/2）
图 5.4－12	转角工作井结构布置图（一）（2/2）	F（HN）－ZJ－1（2/2）
图 5.4－13	转角工作井结构布置图（二）（1/2）	F（HN）－ZJ－2（1/2）
图 5.4－14	转角工作井结构布置图（二）（2/2）	F（HN）－ZJ－2（2/2）
图 5.4－15	接头工作井结构布置图（一）（1/2）	F（HN）－JT－1（1/2）
图 5.4－16	接头工作井结构布置图（一）（2/2）	F（HN）－JT－1（2/2）
图 5.4－17	接头工作井结构布置图（二）（1/2）	F（HN）－JT－2（1/2）
图 5.4－18	接头工作井结构布置图（二）（2/2）	F（HN）－JT－2（2/2）

图序	图名	图纸编号
图 5.4－19	余线工作井（水平）结构布置图（1/2）	F（HN）－YX（SP）－1（1/2）
图 5.4－20	余线工作井（水平）结构布置图（2/2）	F（HN）－YX（SP）－1（2/2）
图 5.4－21	接头工作井支架安装平面布置图（一）	F（HN）－JT－1－ZJ（1/2）
图 5.4－22	接头工作井支架安装剖面布置图（一）	F（HN）－JT－1－ZJ（2/2）
图 5.4－23	接头工作井支架安装平面布置图（二）	F（HN）－JT－2－ZJ（1/2）
图 5.4－24	接头工作井支架安装剖面布置图（二）	F（HN）－JT－2－ZJ（2/2）
图 5.4－25	余线工作井支架安装平面布置图	F（HN）－YX（SP）－1－ZJ（1/2）
图 5.4－26	余线工作井支架安装剖面布置图	F（HN）－YX（SP）－1－ZJ（2/2）

主 要 材 料 表

序号	名称	规格	单位	数量
1	包封混凝土	C25	m³	0.67
2	垫层	C15	m³	0.18

注：表中数据为每米用量。

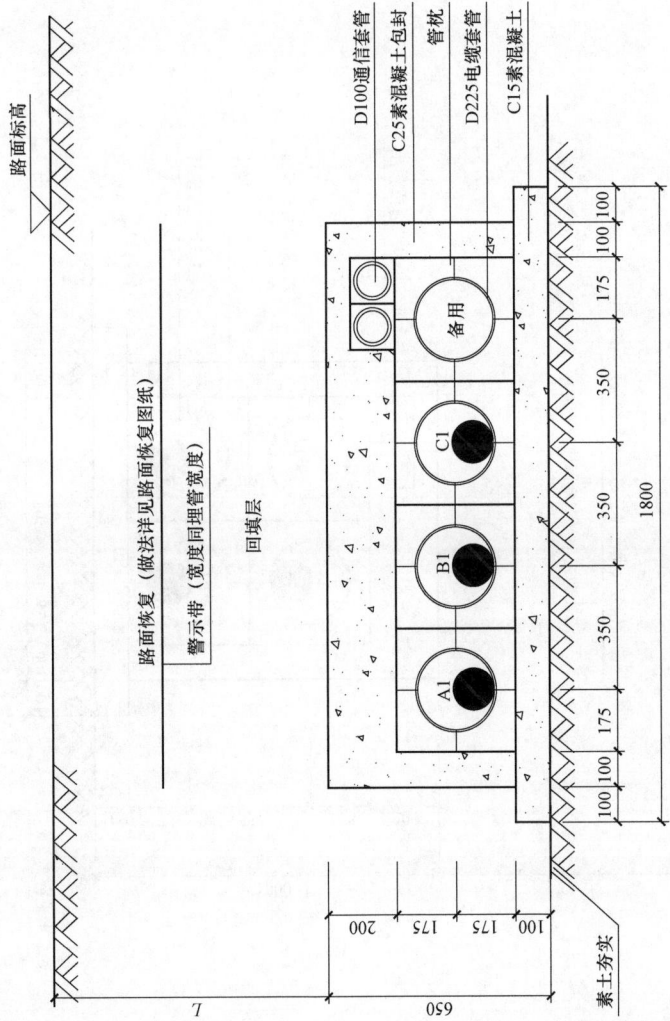

图 5.4-1　B（HN）-1-1　4 孔 D225mm（1×4）+2 孔 D100mm 混凝土包封排管断面图

主 要 材 料 表

序号	名称	规格	单位	数量
1	包封混凝土	C25	m³	0.60
2	垫层	C15	m³	0.11

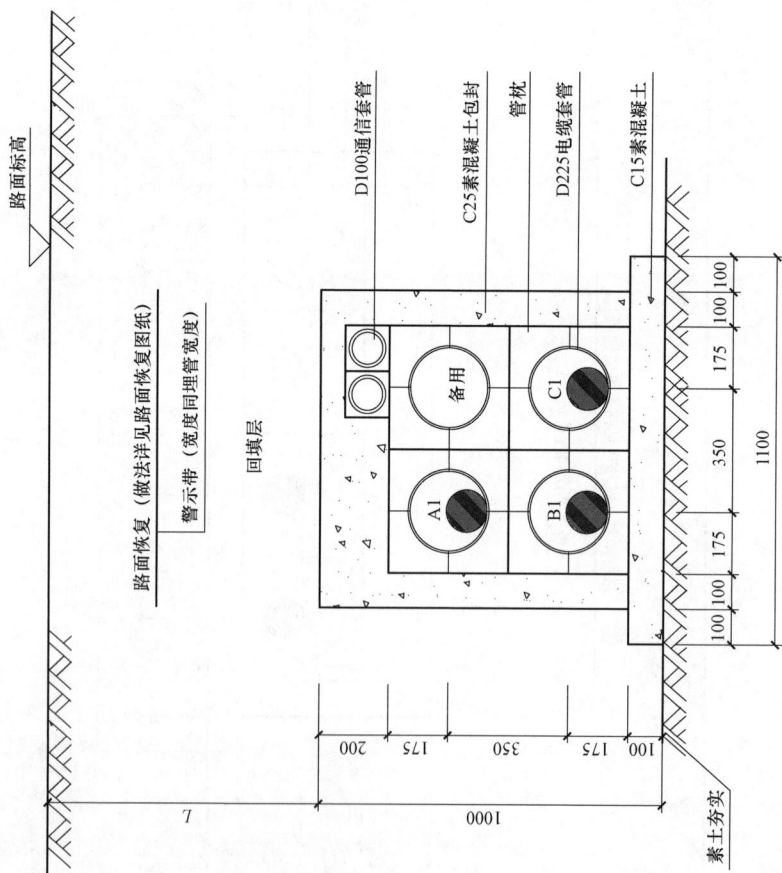

图 5.4－2　B（HN）－1－2　4 孔 D225mm（2×2）＋2 孔 D100mm 混凝土包封排管断面图

主 要 材 料 表

序号	名称	规格	单位	数量
1	包封混凝土	C25	m³	1.05
2	垫层	C15	m³	0.18

路面标高

路面恢复（做法详见路面恢复图纸）

警示带（宽度同埋管宽度）

回填层

素土夯实

D100通信套管

C25素混凝土包封

管枕

D225电缆套管

C15素混凝土

B2　C2

A2　备用

备用　C1

A1　B1

100 100　175　350　350　350　175　100 100

1800

200　175　350　175　100

1000

l

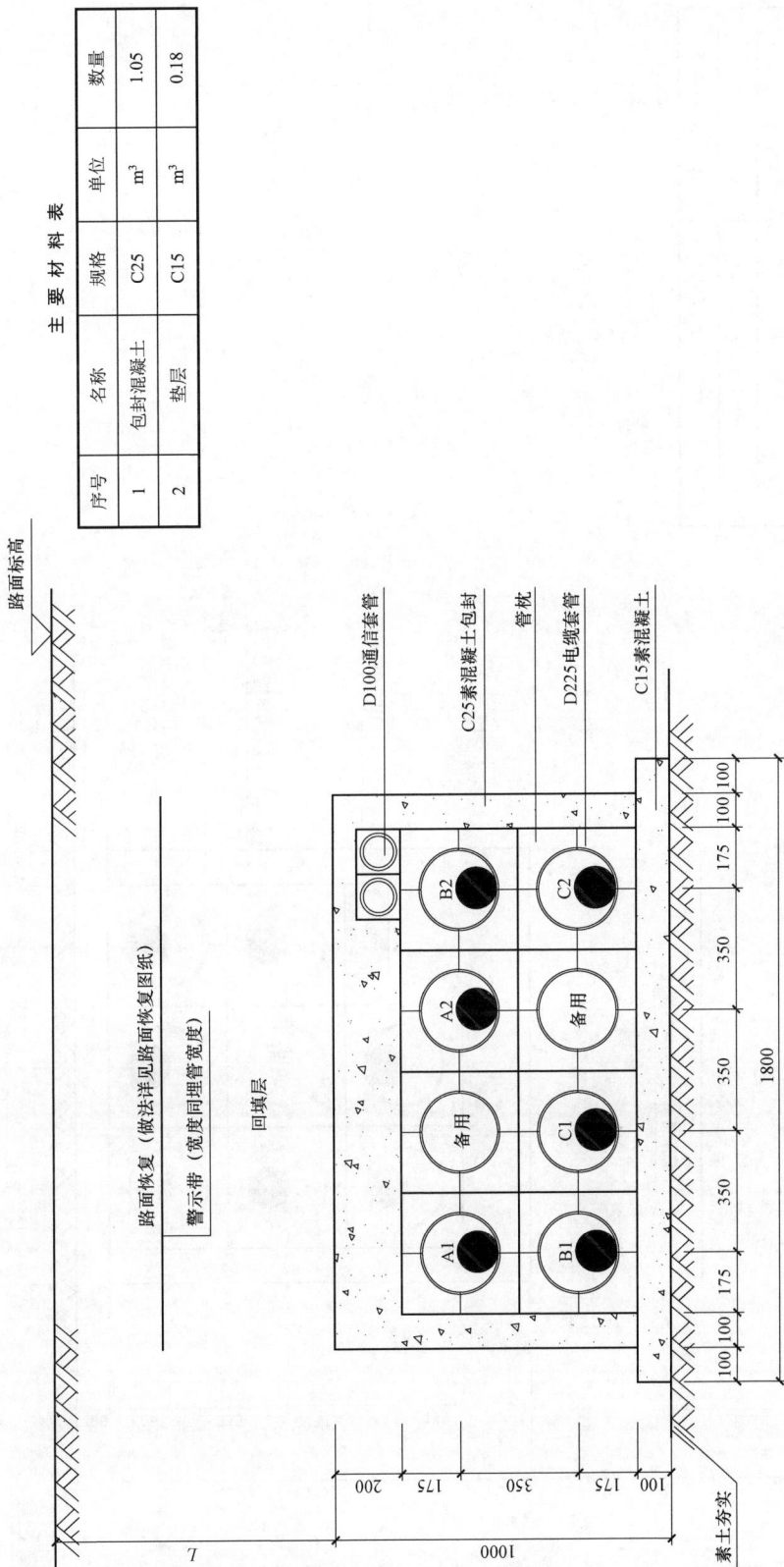

图 5.4-3　B（HN）-2-1　8 孔 D225mm（2×4）+2 孔 D100mm 混凝土包封排管断面图

主 要 材 料 表

序号	名称	规格	单位	数量
1	包封混凝土	C25	m³	1.17
2	垫层	C15	m³	0.15

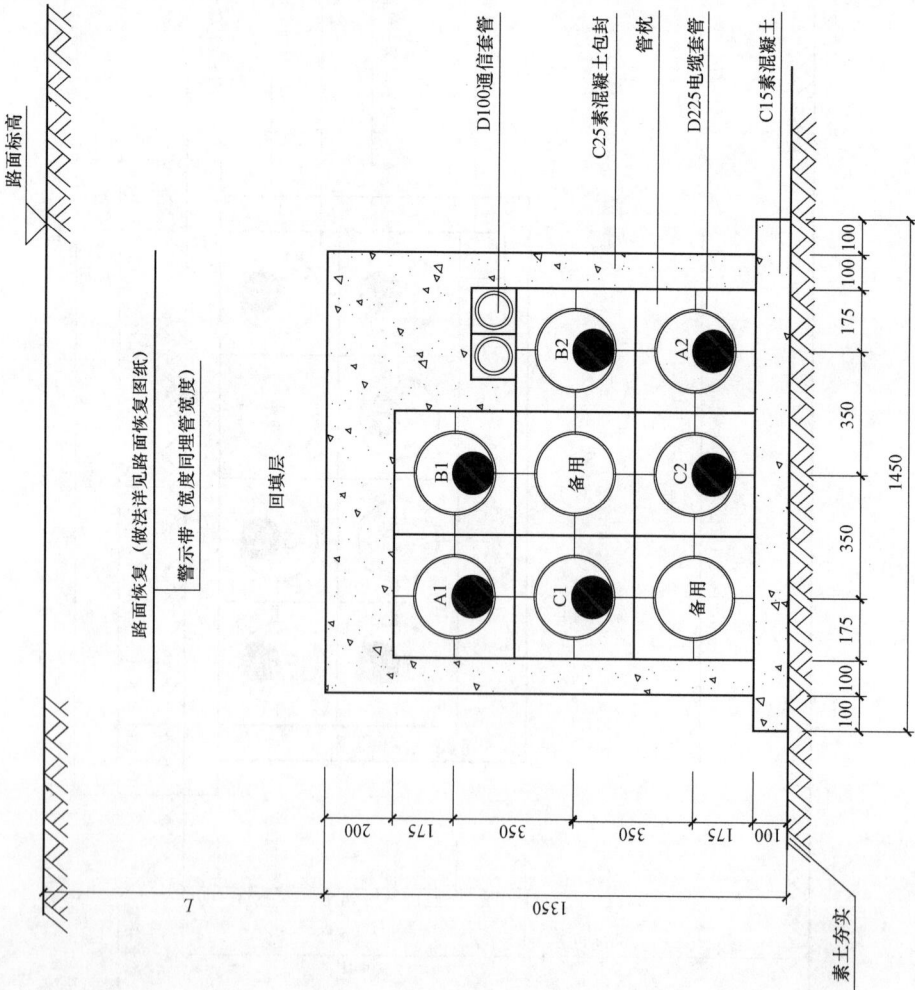

图 5.4-4 B（HN）-2-2 8孔 D225mm（2×3+2）+2孔 D100mm 混凝土包封排管断面图

主 要 材 料 表

序号	名称	规格	单位	数量
1	包封混凝土	C25	m³	1.42
2	垫层	C15	m³	0.18

图 5.4－5　B（HN）－3－1　12 孔 D225mm（3×4）＋3 孔 D100mm 混凝土包封排管断面

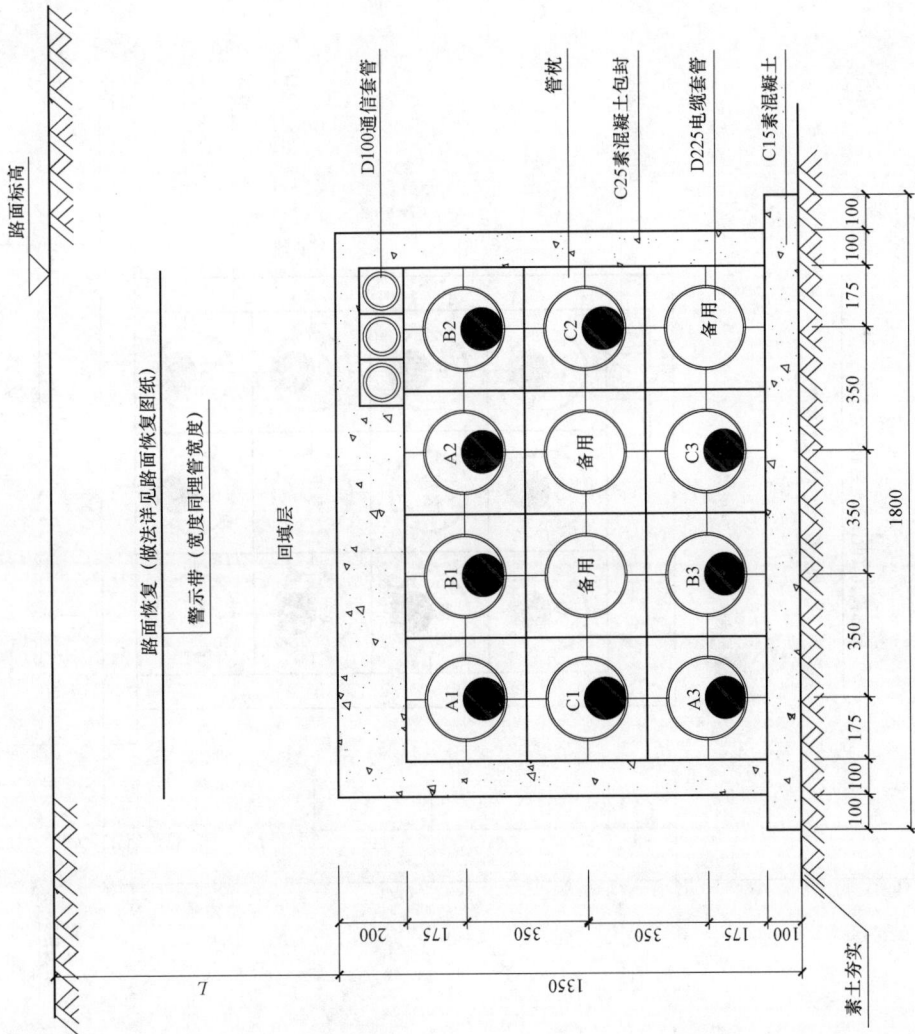

路面标高

路面恢复（做法详见路面恢复图纸）

警示带（宽度同埋管宽度）

回填层

素土夯实

D100通信套管

管枕

C25素混凝土包封

D225电缆套管

C15素混凝土

B2　C2　备用
A2　备用　C3
B1　备用　B3
A1　C1　A3

100 100　175　350　350　175　100 100
1800
1350
200　175　350　350　175　100
L

主 要 材 料 表

序号	名称	规格	单位	数量
1	包封混凝土	C25	m³	1.42
2	垫层	C15	m³	0.15

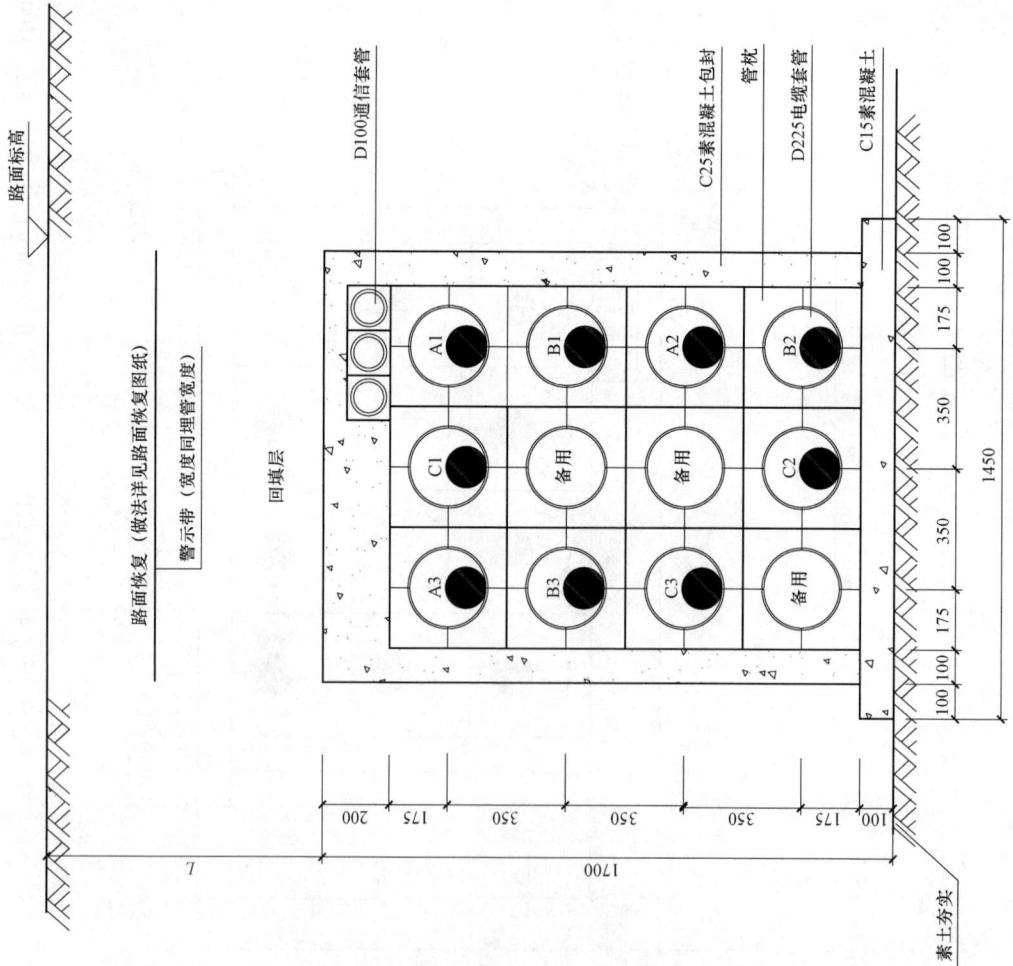

图 5.4-6 B（HN）-3-2 12 孔 D225mm（4×3）+3 孔 D100mm 混凝土包封排管断面图

主 要 材 料 表

序号	名称	规格	单位	数量
1	包封混凝土	C25	m³	1.78
2	垫层	C15	m³	0.20

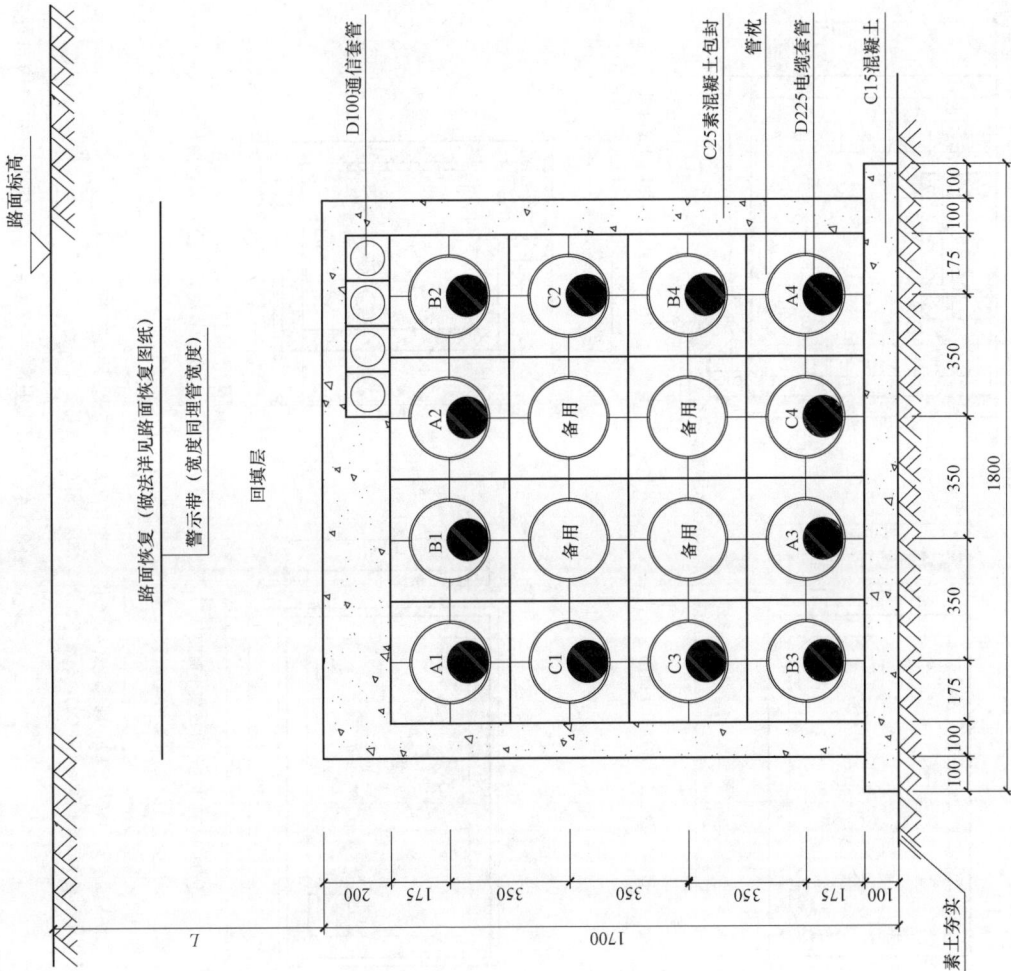

图 5.4-7 B (HN) -4-1 16孔 D225mm (4×4) +4孔 D100mm 混凝土包封排管断面图

主 要 材 料 表

序号	名称	规格	单位	数量
1	混凝土	C25	m³	11.90
2	钢筋	HRB400	kg	1810.18
3	垫层	C15	m³	1.11

注：1. 混凝土方量和钢筋用量为参考值，实际使用时应根据具体工程荷载情况计算确定。

2. 工程量表中数据按工作井覆土厚度 0.5m，人行道和绿化带活荷载按 5kPa 考虑计算。

110kV直线工作井1—1剖面图

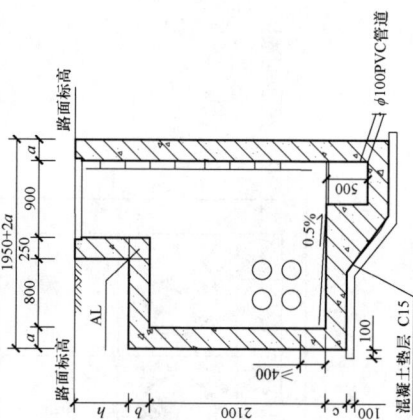

C15混凝土垫层

φ100PVC管道

110kV直线工作井2—2剖面图

混凝土垫层 C15

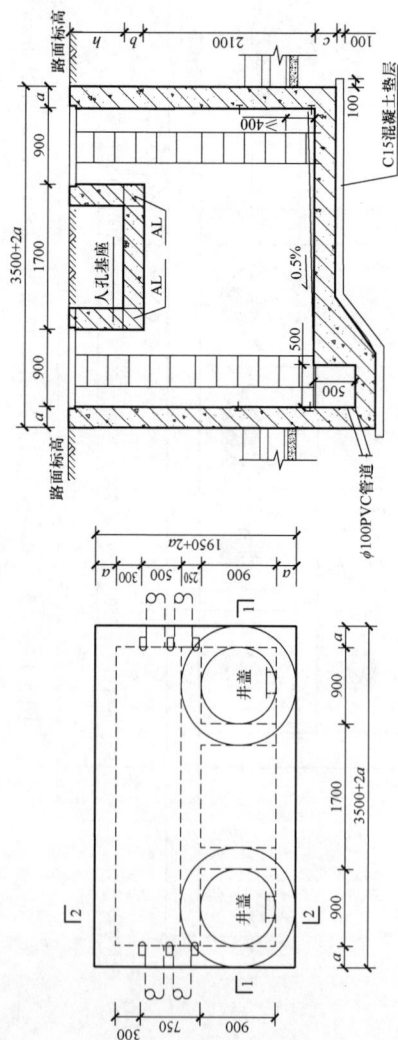

110kV直线工作井顶板平面图

110kV直线工作井底板平面图

图 5.4－8 F（HN）－ZX－1 直线工作井结构布置图（一）

说明：1. 本工作井适应于（0°～15°）的电缆线路。

2. 图中尺寸单位为 mm。

3. 工作井墙厚 a，顶板厚度 c，底板厚度 b，工作井覆土厚度 h 根据工程实际情况进行计算。

4. 工作井本体混凝土强度采用 C25，抗渗等级 P6。垫层采用 C15 混凝土。

主 要 材 料 表

序号	名称	规格	单位	数量
1	混凝土	C25	m^3	12.97
2	钢筋	HRB400	kg	1909.18
3	垫层	C15	m^3	1.26

注：1. 混凝土方量和钢筋用量为参考值，实际使用时应根据具体荷载情况进行计算确定。

2. 工程量表中数据按工作井覆土厚度0.5m、人行道和绿化带活荷载按5kPa考虑计算。

110kV直线工作井1—1剖面图

110kV直线工作井2—2剖面图

110kV直线工作井顶板平面图

110kV直线工作井底板平面图

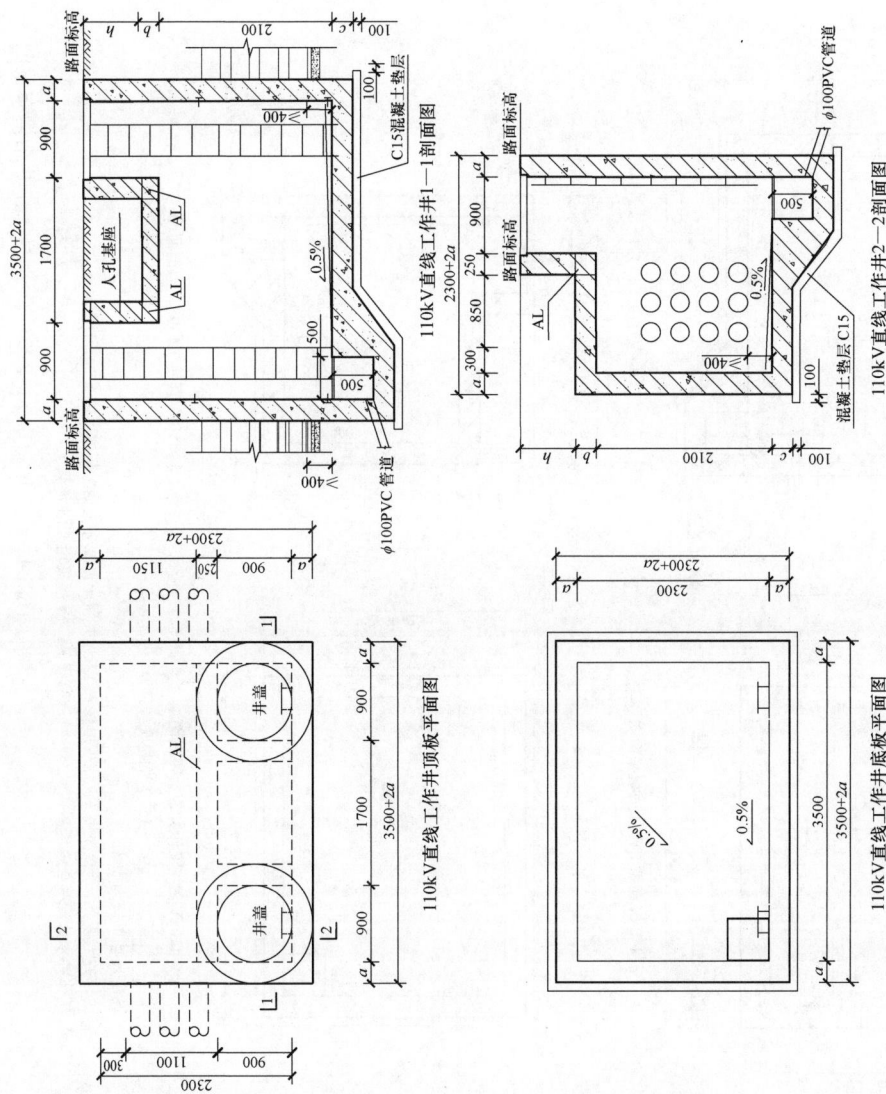

图 5.4-9　F（HN）-ZX-2　直线工作井结构布置图（二）

说明：1. 本工作井适应于（0°～15°）的电缆线路。

2. 图中尺寸单位为mm。

3. 工作井墙厚 a、顶板厚度 b、底板厚度 c，工作井覆土厚度 c_1，工作井覆土厚度 h 根据工程实际情况进行计算。

4. 工作井本体混凝土强度采用C25，抗渗等级P6。垫层采用C15混凝土。

51

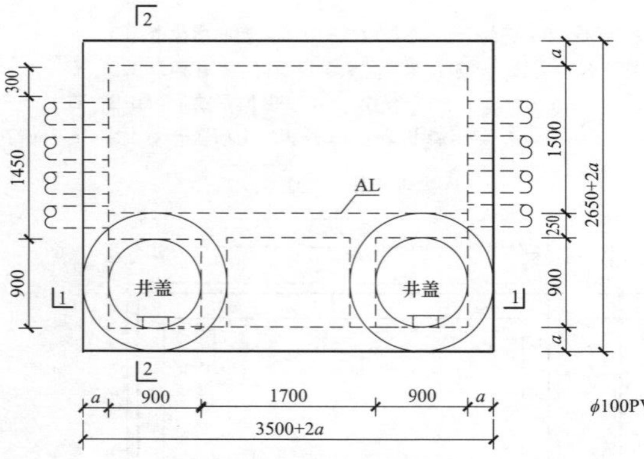

主 要 材 料 表

序号	名称	规格	单位	数量
1	混凝土	C25	m³	14.04
2	钢筋	HRB400	kg	1986.24
3	垫层	C15	m³	1.41

注：1. 混凝土方量和钢筋用量均为参考值，实际使用时应根据具体荷载情况进行计算确定。
2. 工程量表中数据按工作井覆土厚度 0.5m，人行道和绿化带活荷载按 5kPa 考虑计算。

110kV直线工作井1—1剖面图

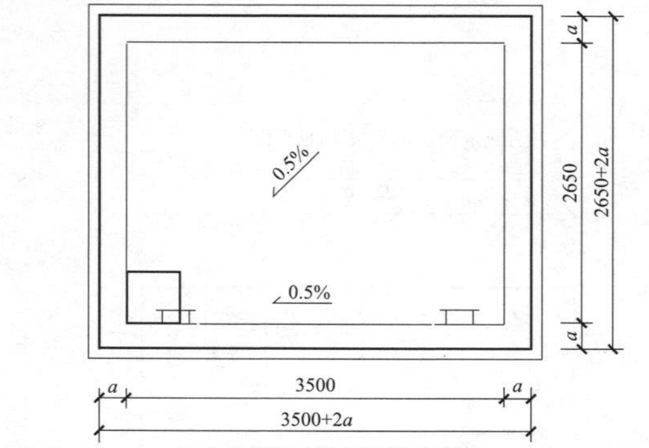

C15混凝土垫层

110kV直线工作井2—2剖面图

混凝土垫层C15

φ100PVC管道

110kV直线工作井顶板平面图

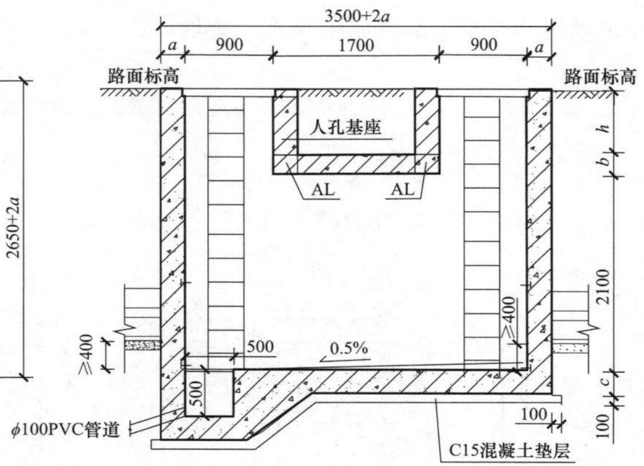

110kV直线工作井底板平面图

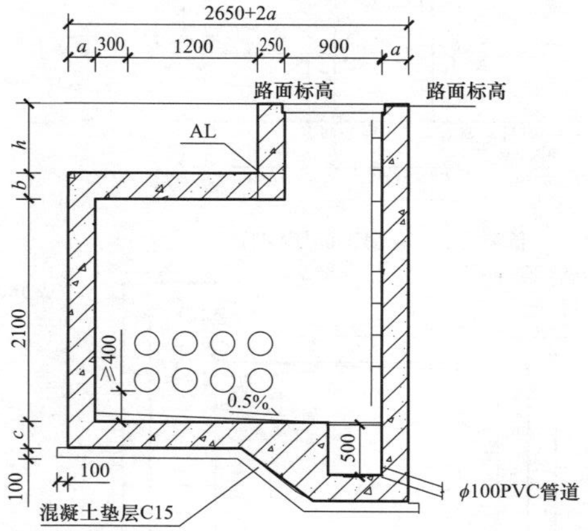

图 5.4－10 F（HN）－ZX－3 直线工作井结构布置图（三）

说明：1. 本工作井适应于（0°～15°）的电缆线路。
2. 图中尺寸单位为 mm。
3. 工作井墙身厚 a，顶板厚度 b，底板厚度 c，工作井覆土厚度 h 根据工程实际情况进行计算。
4. 工作井本体混凝土强度采用 C25，抗渗等级 P6。垫层采用 C15 混凝土。

主 要 材 料 表

序号	名称	规格	单位	数量
1	混凝土	C25	m³	17.56
2	钢筋	HRB400	kg	2401.08
3	垫层	C15	m³	1.89

注: 1. 混凝土土方量和钢筋用量为参考值, 实际使用应根据具体荷载情况计算确定。
2. 工程量表中数据按工作井覆土厚度0.5m, 人行道和绿化带活荷载按5kPa考虑计算。

110kV转角工作井底板平面图

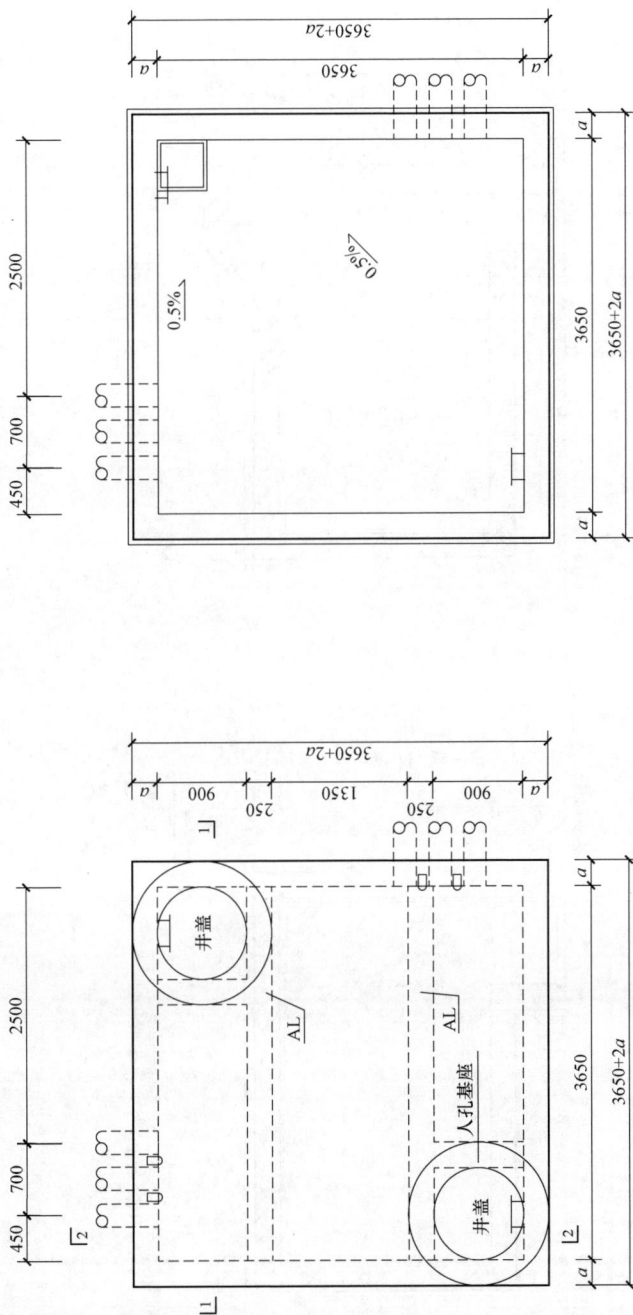

110kV转角工作井顶板平面图

图 5.4-11 F (HN) -ZJ-1 (1/2) 转角工作井结构布置图 (一) (1/2)

说明: 1. 本工作井适应于 (15°~90°) 转角电缆线路。
2. 图中尺寸单位为 mm。
3. 工作井墙厚 a, 顶板厚度 b, 底板厚度 c, 工作井覆土厚度 h 根据工程实际情况进行计算。
4. 工作井本体混凝土强度采用 C25, 抗渗等级 P6。垫层采用 C15 混凝土。

53

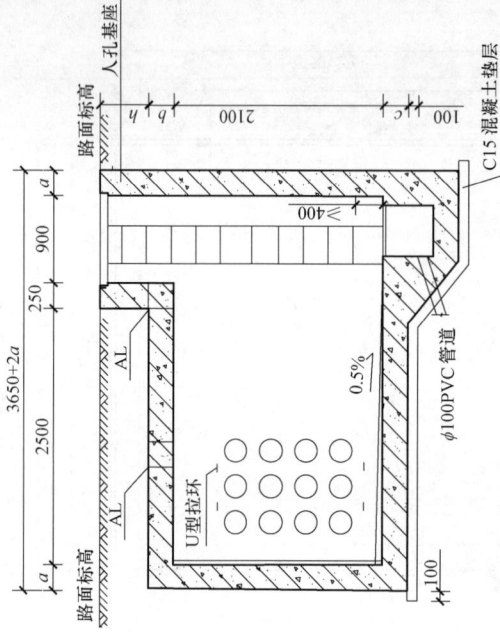

110kV转角工作井1—1剖面图

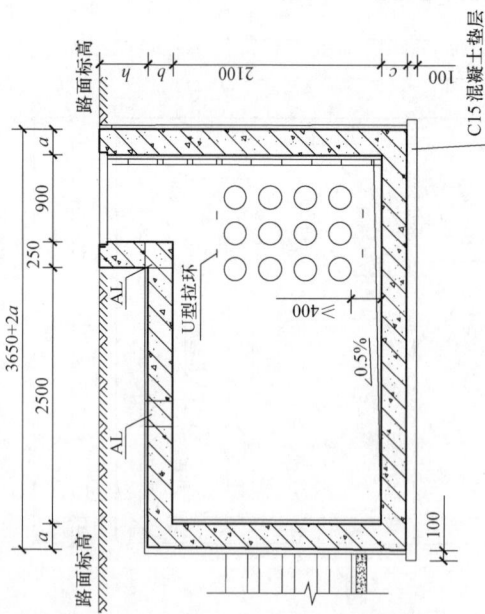

110kV转角工作井2—2剖面图

图 5.4－12　F（HN）－ZJ－1（2/2）　转角工作井结构布置图（一）（2/2）

说明：1. 本工作井适应于（15°～90°）转角电缆线路。

　　　2. 图中尺寸单位为 mm。

　　　3. 工作井墙厚 a，顶板厚度 b，底板厚度 c，工作井覆土厚度 h 根据工程实际情况进行计算。

　　　4. 工作井本混凝土强度采用 C25，抗渗等级 P6。垫层采用 C15 混凝土。

主 要 材 料 表

序号	名称	规格	单位	数量
1	混凝土	C25	m³	19.81
2	钢筋	HRB400	kg	2650.19
3	垫层	C15	m³	2.21

注：1. 混凝土方量和钢筋用量为参考值，实际使用时应根据
具体荷载的情况计算确定。
2. 工程量表中数据按工作井覆土厚度 0.5m，人行道和绿
化带活荷载按 5kPa 考虑计算。

110kV转角工作井底板平面图

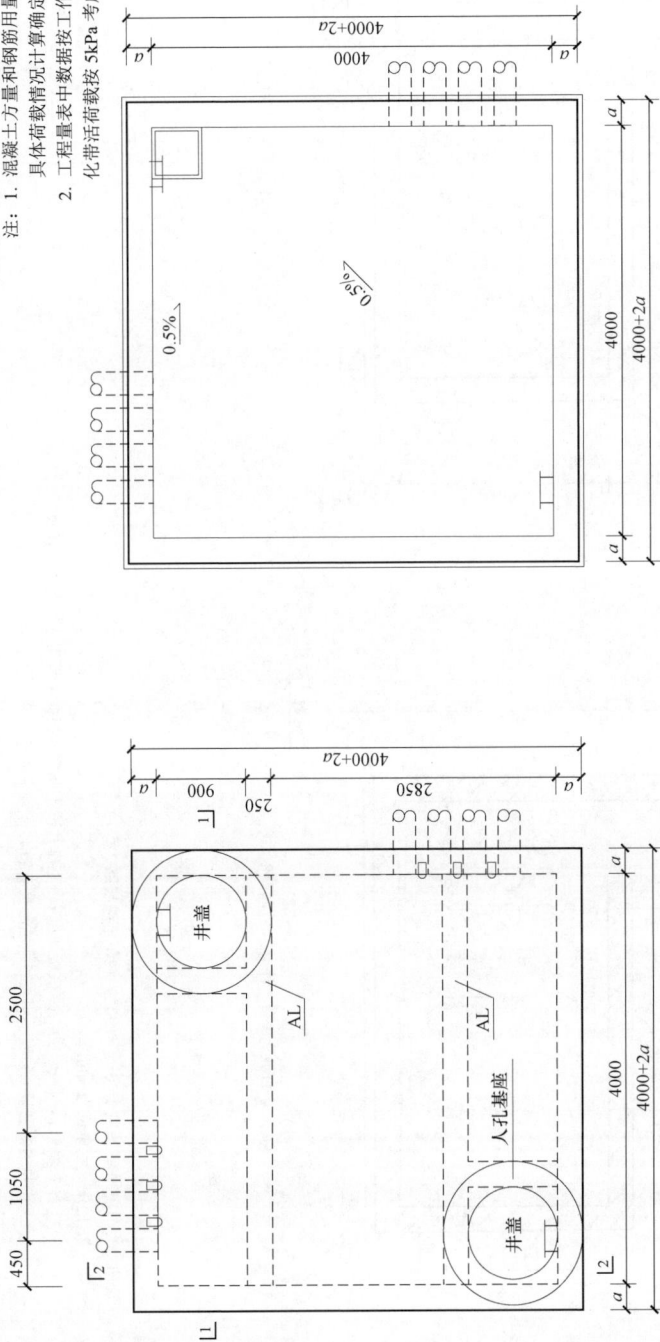

110kV转角工作井顶板平面图

说明：1. 本工作井适应于（15°～90°）转角电缆线路。
2. 图中尺寸单位为 mm。
3. 工作井墙厚 a，顶板厚度 b，底板厚度 c，工作井覆土厚度 h 根据工程实际情况进行计算。
4. 工作井本体混凝土强度采用 C25，抗渗等级 P6。垫层采用 C15 混凝土。

图 5.4－13　F（HN）－ZJ－2（1/2）　转角工作井结构布置图（二）（1/2）

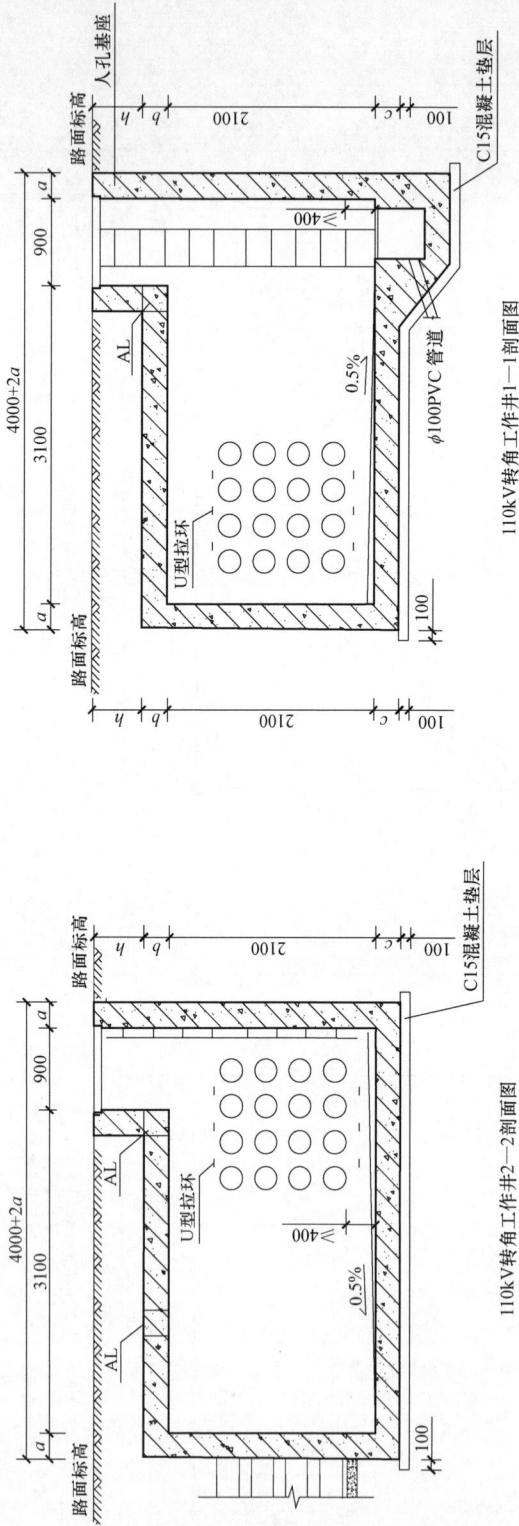

110kV转角工作井1—1剖面图

110kV转角工作井2—2剖面图

图 5.4－14 F（HN）－ZJ－2（2/2） 转角工作井结构布置图（二）（2/2）

说明： 1. 本工作井适应于（15°～90°）转角电缆线路。

2. 图中尺寸单位为 mm。

3. 工作井墙厚 a，顶板厚度 b，底板厚度 c，工作井覆土厚度 h 根据工程实际情况进行计算。

4. 工作井本体混凝土强度采用 C25，抗渗等级 P6。垫层采用 C15 混凝土。

主要材料表

序号	名称	规格	单位	数量
1	混凝土	C25	m³	40.27
2	钢筋	HRB400	kg	5572.66
3	垫层	C15	m³	4.55

注：1. 混凝土方量和钢筋用量为参考值，实际使用时应根据具体荷载情况计算确定。
　　2. 工程量表中数据按工作井覆土厚度 0.5m，人行道和绿化带活荷载按 5kPa 考虑计算。

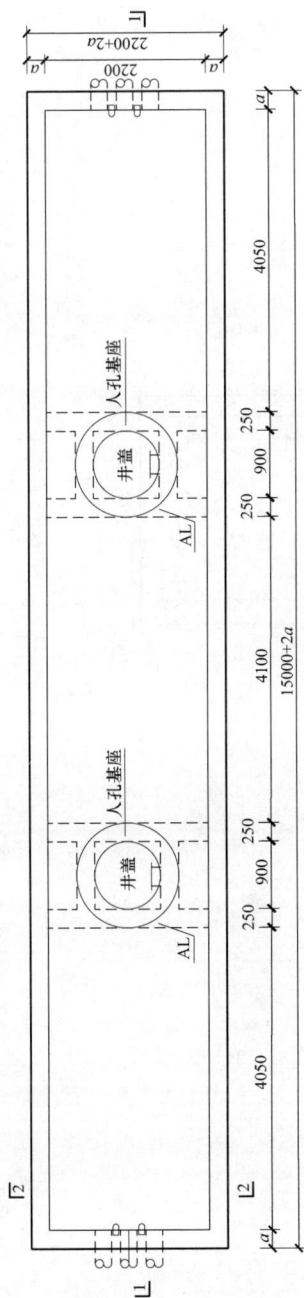

110kV接头井顶板平面图

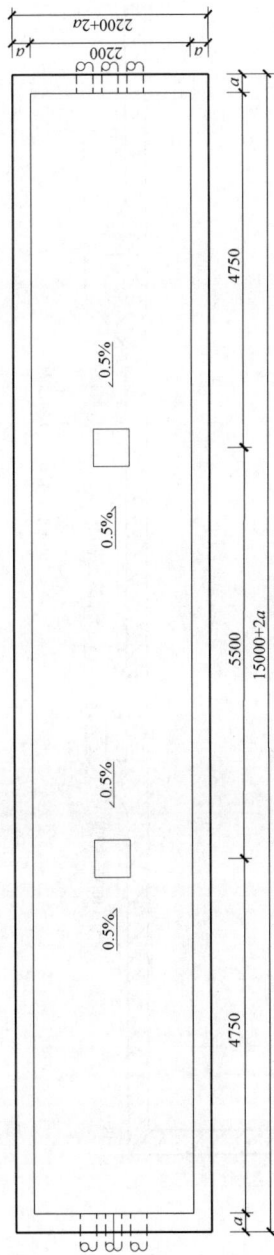

110kV接头井底板平面图

说明：1. 本工作井适应于双回电缆接头工作井。
　　　2. 图中尺寸单位为 mm。
　　　3. 工作井墙厚 a，顶板厚度 b，底板厚度 c，工作井覆土厚度 h 根据工程实际情况进行计算。
　　　4. 工作井本体混凝土强度采用 C25，抗渗等级 P6。垫层采用 C15 混凝土。
　　　5. 当埋管采用 B（HN）-2-1 排列方式时，工作井的埋管数量为 2×4。

图 5.4-15　F（HN）-JT-1（1/2）　接头工作井结构布置图（一）（1/2）

57

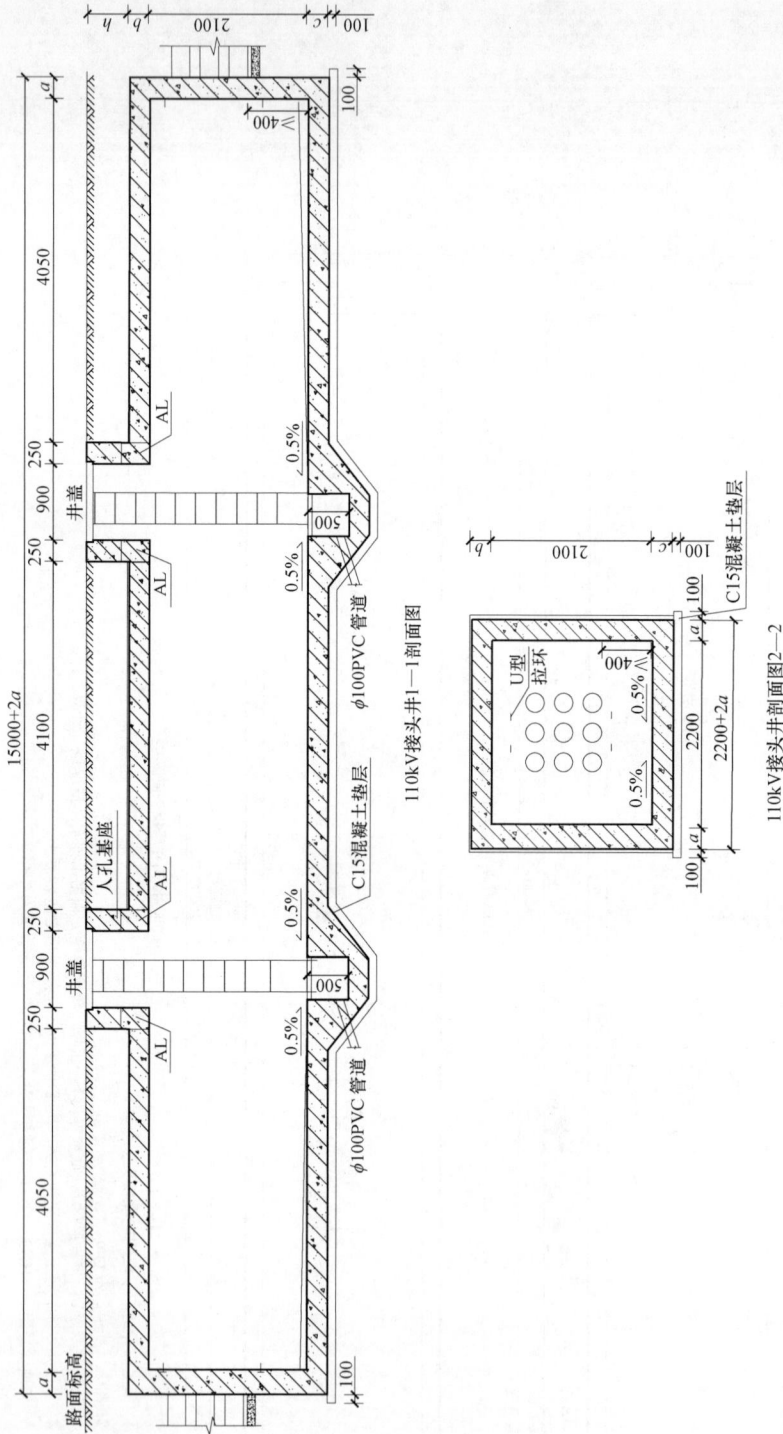

110kV接头井1—1剖面图

110kV接头井剖面图2—2

图 5.4-16　F（HN）-JT-1（2/2）　接头工作井结构布置图（一）（2/2）

说明：1. 本工作井适应于双回电缆接头工作井。

2. 图中尺寸单位为 mm。

3. 工作井墙厚 a，顶板厚度 b，底板厚度 c，工作井覆土厚度 h 根据工程实际情况进行计算。

4. 工作井本体混凝土强度采用 C25，抗渗等级 P6。垫层采用 C15 混凝土。

5. 当埋管采用 B（HN）-2-1 排列方式时，工作井的埋管数量为 2×4。

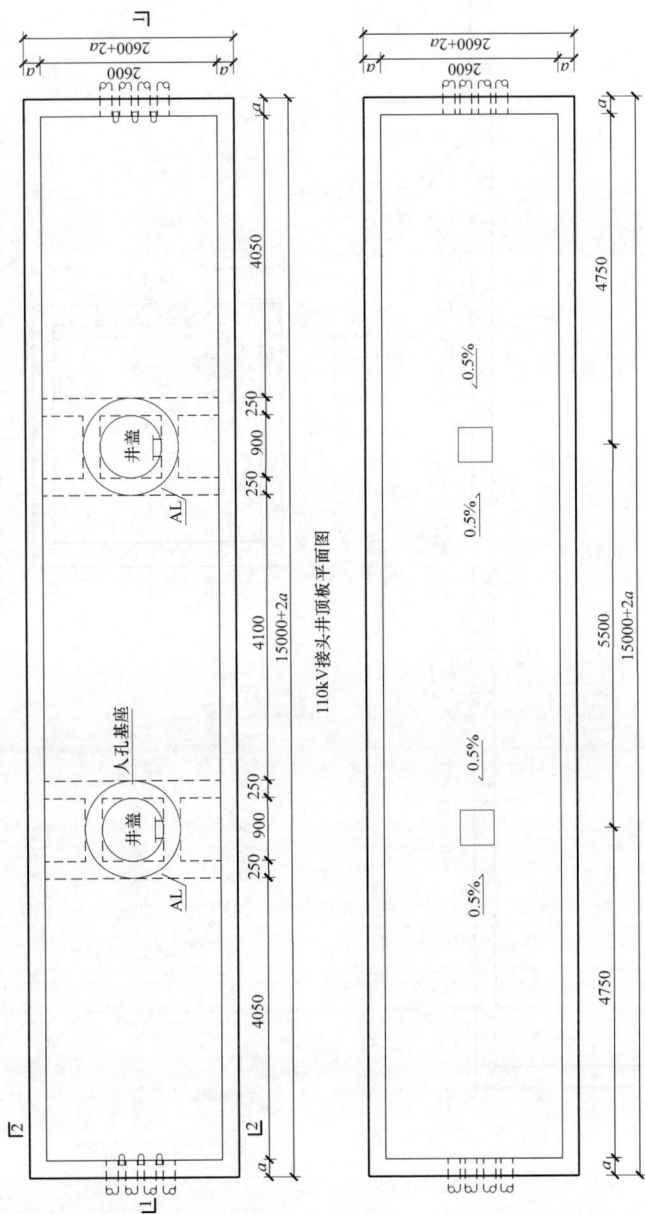

主 要 材 料 表

序号	名称	规格	单位	数量
1	混凝土	C25	m³	47.51
2	钢筋	HRB400	kg	5860.63
3	垫层	C15	m³	5.18

注：1. 混凝土方量和钢筋用量为参考值，实际使用时应根据具体荷载情况计算确定。
　　2. 工程量表中数据按工作井覆土厚度 0.5m，人行道和绿化带活荷载按 5kPa 考虑计算。

110kV 接头井顶板平面图

110kV 接头井底板平面图

人孔基座

井盖

AL

图 5.4-17　F (HN) -JT-2 (1/2)　接头工作井结构布置图 (二) (1/2)

说明：1. 本工作井适应于双回以上电缆通道，接头井内做两回回电缆接头。
　　　2. 图中尺寸单位为 mm。
　　　3. 工作井墙厚 a，底板厚度 b，顶板厚度 c，工作井覆土厚度 h 根据工程实际情况进行计算。
　　　4. 工作井本体混凝土采用 C25，抗渗等级 P6。垫层采用 C15 混凝土。
　　　5. 当埋管采用 B (HN) -3-1 和 B (HN) -3-2 排列方式时，工作井的埋管数量为 3×4 和 4×3。

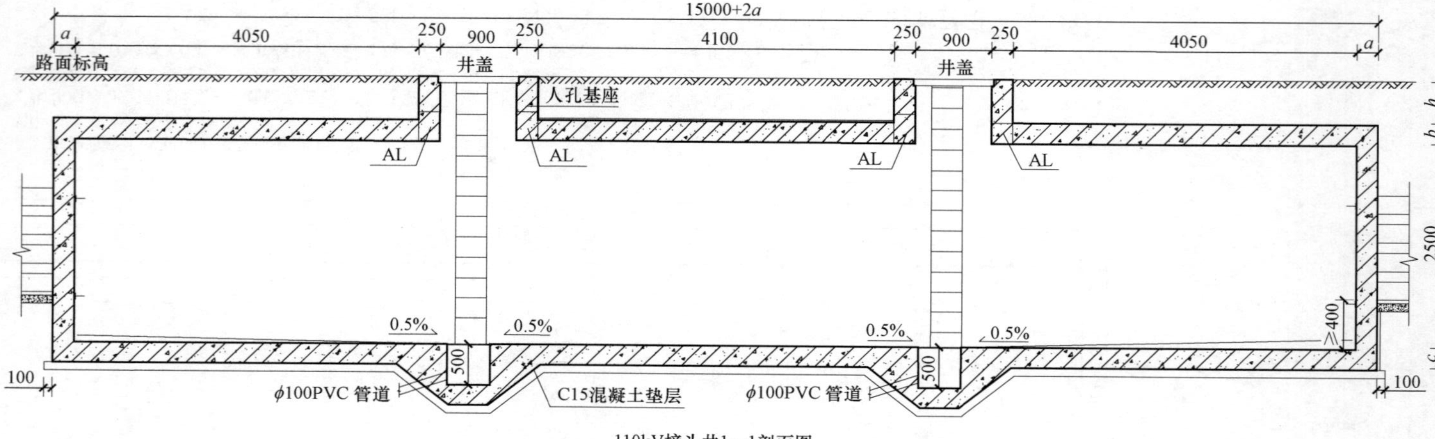

110kV接头井剖面图1—1剖面图

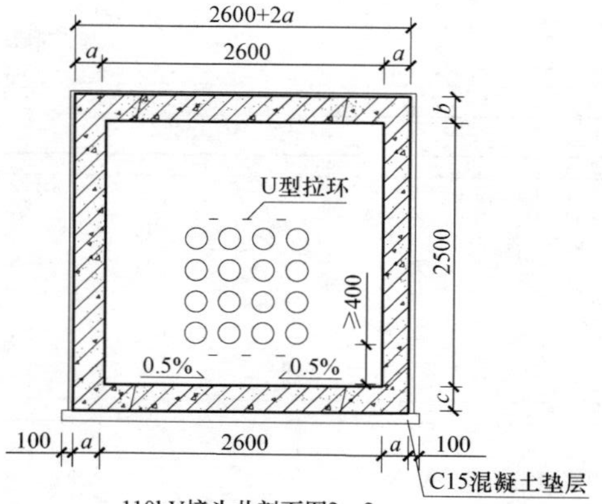

φ100PVC管道

C15混凝土垫层

井盖

AL

入孔基座

路面标高

110kV接头井剖面图2—2

U型拉环

C15混凝土垫层

图 5.4-18　F（HN）-JT-2（2/2）　接头工作井结构布置图（二）(2/2)

说明：1. 本工作井适应于双回以上电缆通道，接头井内做两回电缆接头。
　　　2. 图中尺寸单位为 mm。
　　　3. 工作井墙厚 a，顶板厚度 b，底板厚度 c，工作井覆土厚度 h 根据工程实际情况进行计算。
　　　4. 工作井本体混凝土强度采用 C25、抗渗等级 P6。垫层采用 C15 混凝土。
　　　5. 当埋管采用 B（HN）-3-1 和 B（HN）-3-2 排列方式时，工作井的埋管数量为 3×4 和 4×3。

主 要 材 料 表

序号	名称	规格	单位	数量
1	混凝土	C25	m³	61.72
2	钢筋	HRB400	kg	7964.25
3	垫层	C15	m³	6.96

注：1. 混凝土方量和钢筋用量为参考值，实际使用时应根据具体情况计算确定。

2. 工程量表中数据按工作井覆土厚度 0.5m，人行道和绿化带活荷载按 5kPa 考虑计算。

110kV（水平）余线井工作井顶板平面图

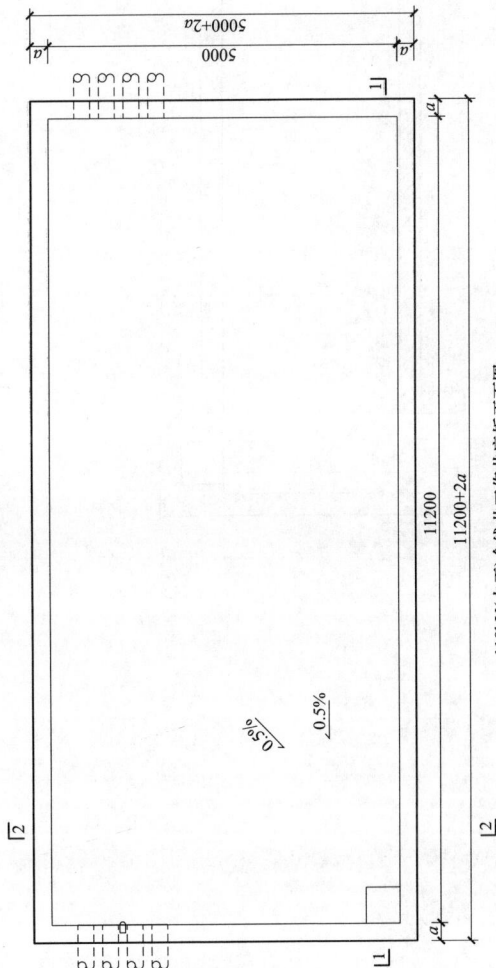

110kV（水平）余线井工作井底板平面图

说明：1. 本工作井适应于双回路水平余线工作井。

2. 图中尺寸单位为 mm。

3. 工作井墙厚 a，顶板厚度 b，底板厚度 c，工作井覆土厚度 h 根据工程实际情况进行计算。

4. 工作井本体混凝土强度采用 C25，抗渗等级 P6，垫层采用 C15 混凝土。钢筋采用 HRB400 和 HPB300。

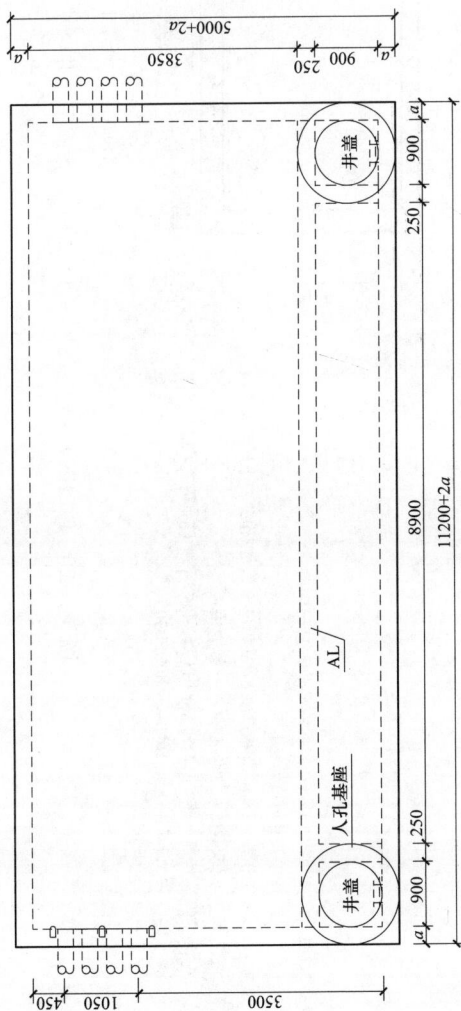

图 5.4-19　F（HN）-YX（SP）-1（1/2）余线工作井（水平）结构布置图（1/2）

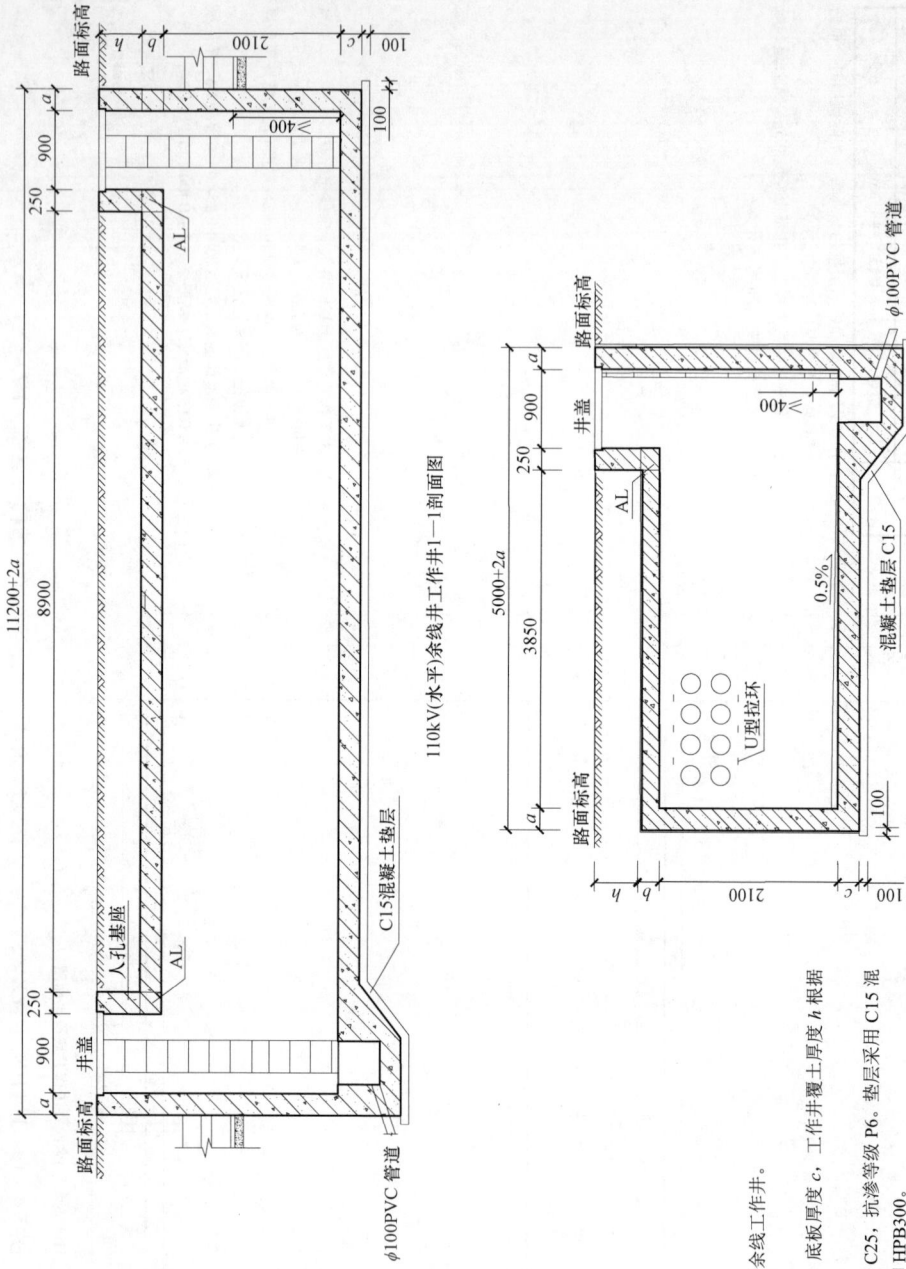

110kV(水平)余线井工作井1—1剖面图

110kV(水平)余线井工作井2—2剖面图

说明：1. 本工作井适应于双回路水平余线工作井。
2. 图中尺寸单位为 mm。
3. 工作井墙厚 a，顶板厚度 b，底板厚度 c，工作井覆土厚度 h 根据工程实际情况进行计算。
4. 工作井本体混凝土强度采用 C25，抗渗等级 P6。垫层采用 C15 混凝土。钢筋采用 HRB400 和 HPB300。

图 5.4－20 F（HN）－YX（SP）－1（2/2） 余线工作井（水平）结构布置图（2/2）

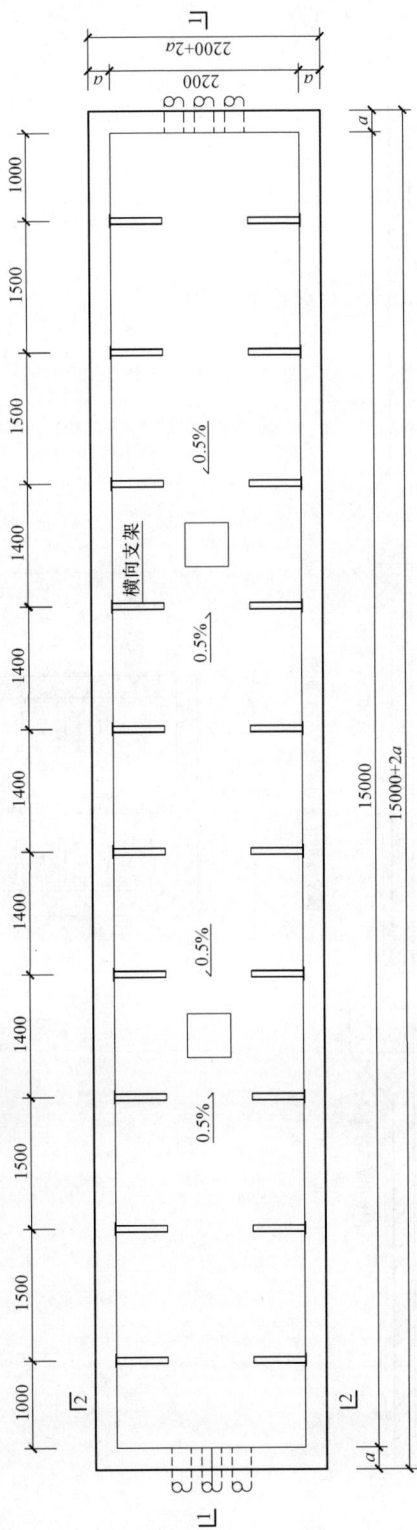

110kV接头井支架安装平面布置图

图 5.4－21 F（HN）–JT－1–ZJ（1/2） 接头工作井支架安装平面布置图（一）

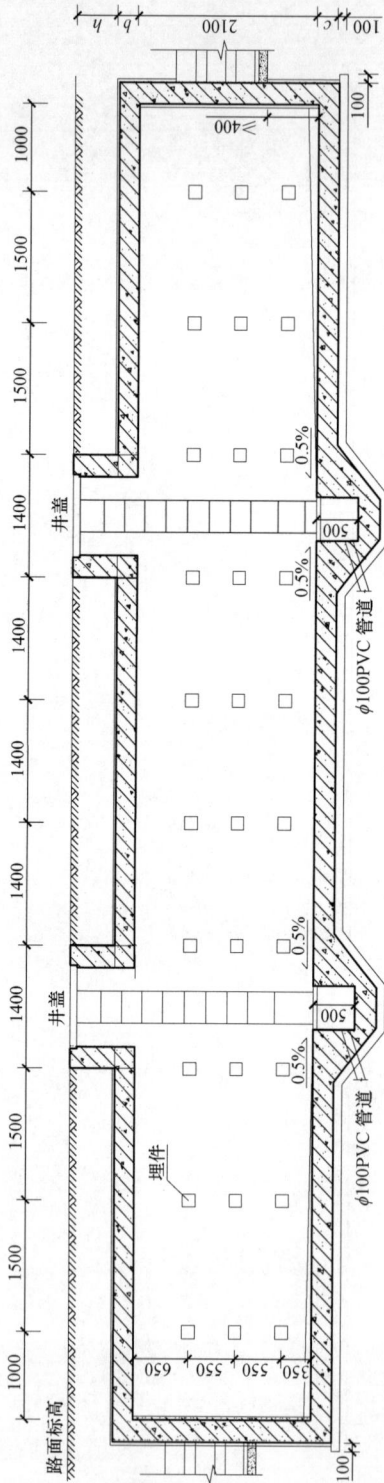

110kV接头井支架安装1—1剖面图

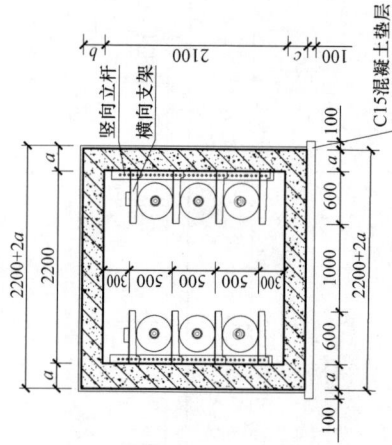

110kV接头井支架安装剖面图2—2

图 5.4-22　F（HN）-JT-1-ZJ（2/2）　接头工作井支架安装剖面布置图（一）

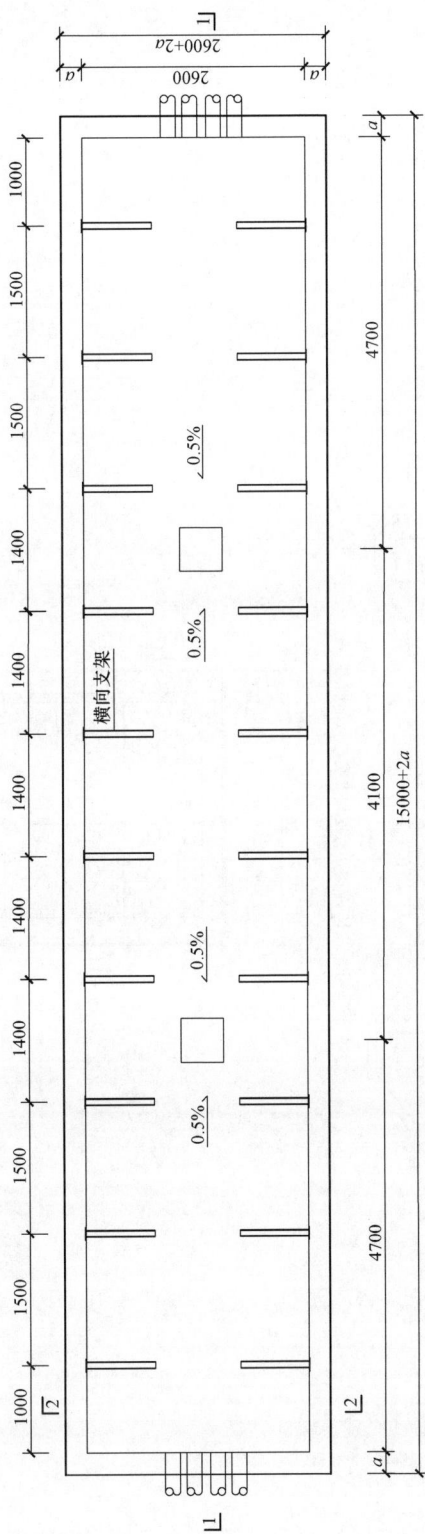

110kV接头支架井支架安装平面布置图

图 5.4-23　F（HN）-JT-2-ZJ（1/2）　接头工作井支架安装平面布置图（二）

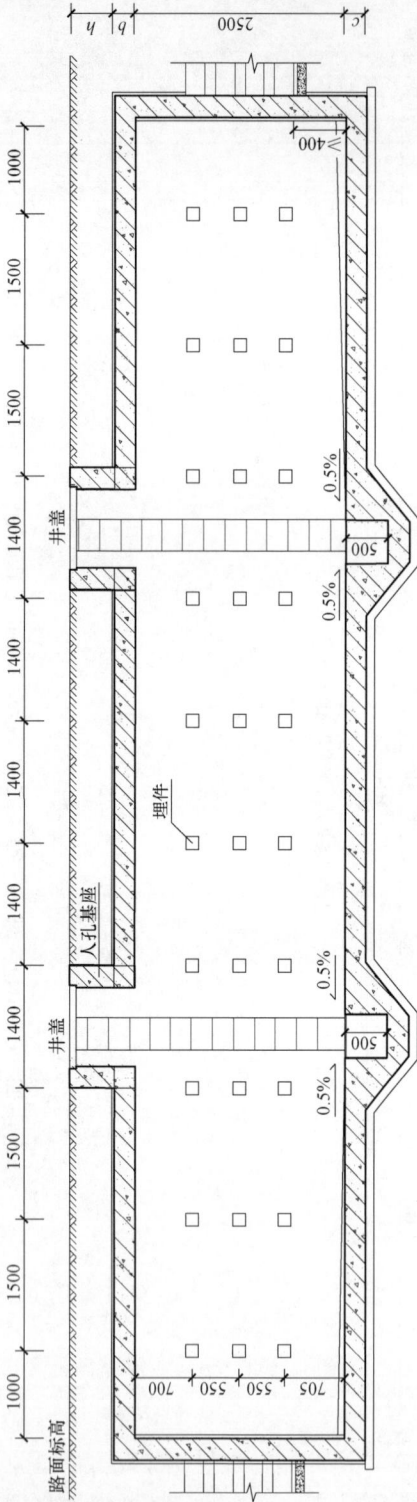

110kV接头工作井支架安装1—1剖面图

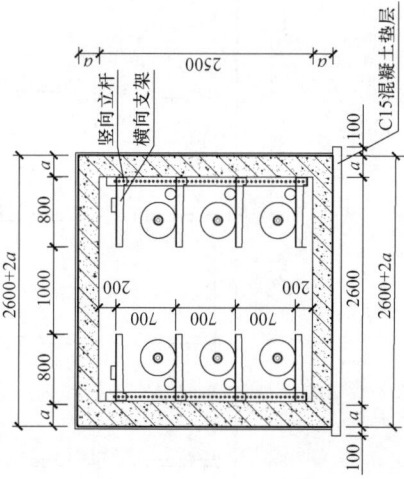

110kV接头井支架安装剖面图2—2

图 5.4-24 F（HN）-JT-2-ZJ（2/2） 接头工作井支架安装剖面布置图（二）

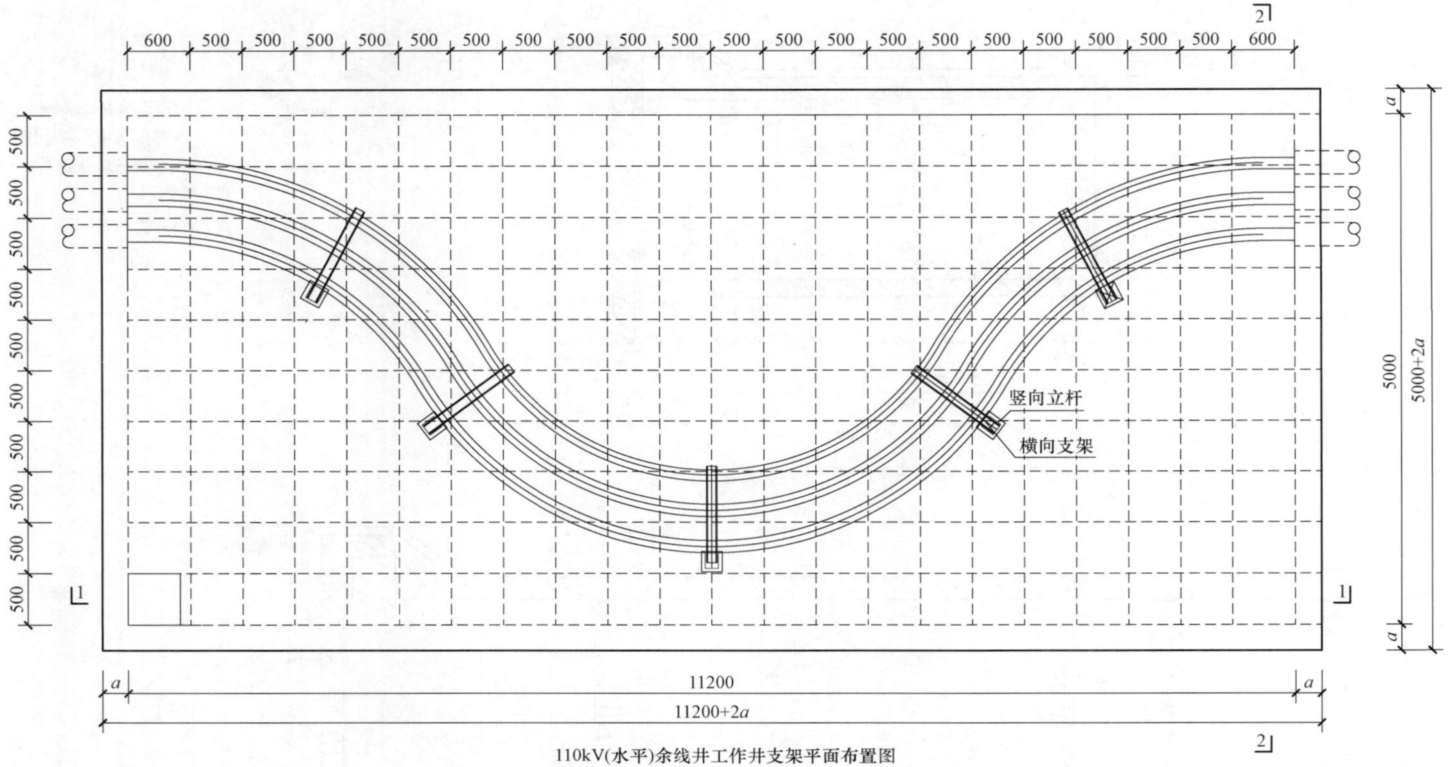

110kV(水平)余线井工作井支架平面布置图

竖向立杆

横向支架

5000

5000+2*a*

a

a

11200

11200+2*a*

a

a

图 5.4－25　F（HN）－YX（SP）－1－ZJ（1/2）　余线工作井支架安装平面布置图

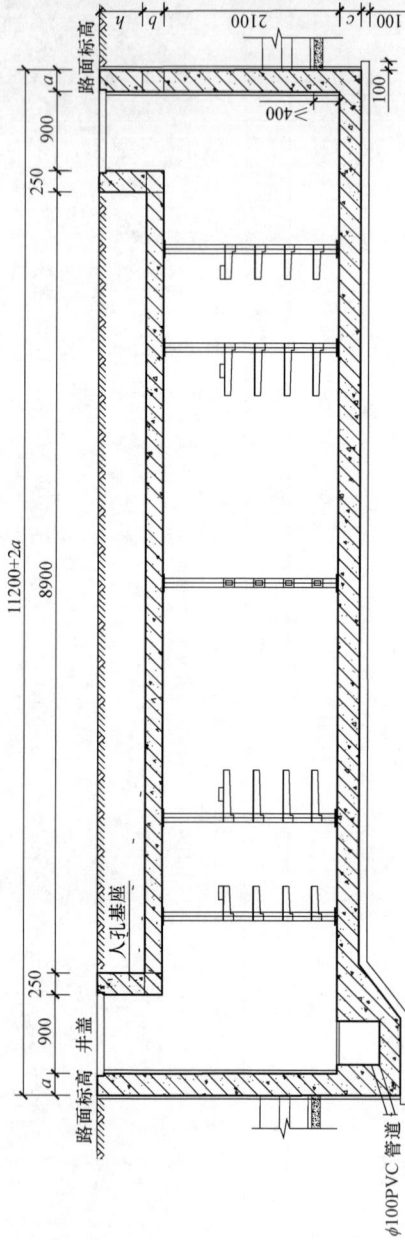

110kV(水平)余线井工作井支架安装1—1剖面图

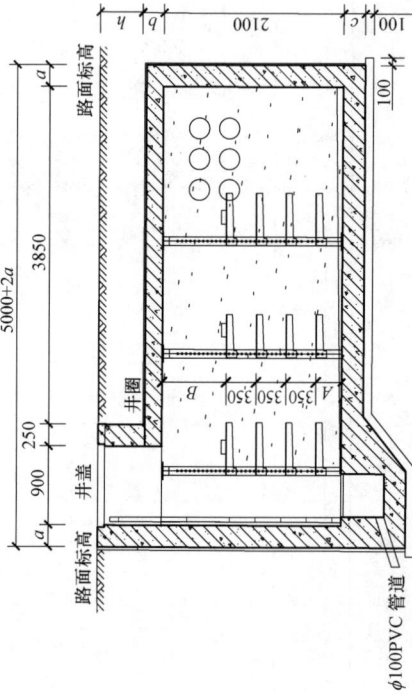

110kV(水平)余线井工作井支架安装2—2剖面图

图 5.4-26 F（HN）-YX（SP）-1-ZJ（2/2） 余线工作井支架安装剖面布置图

说明：1. 本支架布置图适应于水平余线工作井。
2. 图中尺寸单位为 mm。
3. 高度 A 和 B 应根据埋管的进井高度进行调整。

第6章 电 缆 沟

6.1 概　　述

　　本章为电缆沟敷设模块，模块命名参考国家电网有限公司现行通用设计原则和方法，结合湖南电网特点以及 110kV、220kV 电缆线路设计及建设情况，本通用设计对电缆沟相应设计尺寸进行了调整及优化，调整后的模块编号为"C（HN）"。

　　本通用设计电缆沟敷设按无覆土设计，分为 110kV、220kV 两个电压等级，双回路、四回两个电缆沟模块；C（HN）-1、C（HN）-2 为双回路双排支架电缆沟模块，C（HN）-3、C（HN）-4 为四回路双排支架电缆沟模块，其中 C（HN）-4 为 2 回 110kV＋2 回 220kV 电缆混压四回路敷设。

　　电缆沟敷设方式应与电缆排管、隧道及电缆工作井等敷设方式进行相互配合使用，适用于变电站进出线段。

　　电缆沟为盖板可开启式电缆沟，封闭式电缆沟设计参照隧道，本章节内容只针对盖板可开启式电缆沟设计。

　　电缆沟敷设的优点为：检修、更换电缆较方便，灵活多样，转弯方便，可根据地坪高程变化调整电缆敷设高程。其缺点是施工检查及更换电缆时须搬运大量盖板，施工时外物不慎落入沟时易将电缆碰伤。

6.2 适 用 范 围

　　电缆沟敷设模块共分为 4 个子模块，编号为 C（HN）-1～C（HN）-4。C（HN）-1、C（HN）-2 模块适用于双回电缆线路，一般敷设于变电站内、变电站出线至电缆终端塔等区域。C（HN）-3、C（HN）-4 模块适用于四回电缆线路，一般敷设于变电站内、变电站出线至电缆终端塔等区域。各断面技术条件见表 6.2-1。

表 6.2-1　　　　　　　　　　　模块技术条件一览表

模块编号	电压等级 （kV）	电缆截面积 （mm²）	回路数	支架长度 （mm）
C（HN）-1	110	630～1600	2	400
C（HN）-2	220	1600～2500	2	450

模块编号	电压等级 （kV）	电缆截面积 （mm²）	回路数	支架长度 （mm）
C（HN）-3	110	630～1600	4	600
C（HN）-4	110+220	630～2500	4	650

注 最上层支架用于光缆敷设。

6.3 技 术 要 求

（1）参照《电力工程电缆设计标准》（GB 50217—2018）相关技术要求，本通用设计中电缆沟的尺寸应按容纳的全部电缆确定，满足敷设施工作业与维护巡视活动所需空间，并应符合表 6.3-1 的规定。

表 6.3-1　　　　　　　　　　　电缆沟内通道的净宽尺寸　　　　　　　　　　（mm）

电缆支架配置方式	具有以下沟深的电缆沟
	>1000
两侧	≥700

（2）电缆支架的层间距离应满足能方便地敷设电缆及其固定、安置接头的要求，且在多根电缆同置于一层情况下，可更换或增设任一根电缆及其接头。

（3）因电缆沟采用可开启盖板，且长度较短，本次电缆沟设计不考虑照明、通风、监控等内容。

（4）电缆沟应合理设置接地装置，接地电阻应小于 5Ω。

（5）电缆沟应实现排水畅通，且应符合下列规定：

1）电缆沟的纵向排水坡度不应小于 0.5%，排水横坡坡度不应小 2%。

2）沿电缆沟方向每隔 50m 在沟底设置一处集水井，有条件处可排入雨水检查井，采用 1DN110PVC-U 排水管就近接入雨水检查井中，排水坡度不小于 0.01。

（6）电缆沟应采用钢筋混凝土式。混凝土等级不小于 C25 级，受力钢筋宜采用 HRB400。抗渗等级不小于 P6。

（7）沟底承载力要求 $f_{ak} \geqslant 150\text{kPa}$，压实系数 ≥0.94。若基底标高未到持力层，则超挖后用 C15 混凝土垫至设计标高。

（8）电缆沟盖板应为钢筋混凝土预制件，单块重量不宜超过 50kg，其尺寸配合电缆沟。盖板表面应平整，四周应设置预埋件和护口件，有电力标识。盖板采用清水混凝土工艺采用角钢包边，C30 细石混凝土，混凝土保护层为 20mm，钢筋放置在板底。钢筋混凝土盖板要求均为混凝土原色，即水泥色（色卡编号：14－5－10，详见国标图集《常用建筑色》02J503－1）；电缆沟有防火封堵处的盖板特殊要求为红色（色卡编号：红－M100Y100）。

（9）电缆沟应合理设置伸缩缝、施工缝并做好防水措施。电缆沟在挖方区每 15m、填方区每 9m 及挖填方交界处设置变形缝，缝宽 20mm。缝内填橡胶泡沫板和沥青麻丝，表面采用中性硅酮耐候密封胶封闭。变形缝按照要求完成嵌缝施工后，电缆沟两侧才能进行土方回填。

（10）电缆沟长度超过 200m 时，设置防火墙。防火墙做法为两堵砖墙内填沙，砖墙厚 240mm，采用 M2.5 的水泥砂浆砌筑，防火墙两侧各设置一个下人孔。

（11）电缆支架要求表面光滑，平整，无毛刺。

（12）电缆沟应满足防止外部进水、渗水的要求，且应符合下列规定：

1）电缆沟底部低于地下水位、电缆沟与工业水管沟并行邻近时，宜加强电缆沟防水处理以及电缆穿隔密封的防水构造措施。

2）电缆沟与工业水管沟交叉时，电缆沟宜位于工业水管沟的上方。

3）室内电缆沟盖板宜与地坪齐平，室外电缆沟的沟壁宜高出地坪 100mm。考虑排水时，可在电缆沟上分区段设置现浇钢筋混凝土渡水槽。

（13）电缆上终端塔处，电缆出地面处要做好防水措施；电缆沟和隧道连接的地方，利用防火分隔兼顾防水。变电站和外部电缆通道分界的地方应在最低点做好防排水措施。

（14）电缆沟内电缆的敷设方式参考隧道章节。

6.4 设 计 图

模块设计图清单详见表 6.4－1。

表 6.4 – 1 模 块 设 计 图 清 单

图序	图名	图纸编号
图 6.4 – 1	110kV 双回电缆沟	C（HN）– 1
图 6.4 – 2	220kV 双回电缆沟	C（HN）– 2
图 6.4 – 3	110kV 四回电缆沟	C（HN）– 3
图 6.4 – 4	110kV、220kV 四回混压电缆沟	C（HN）– 4
图 6.4 – 5	电缆沟盖板	C（HN）– 5
图 6.4 – 6	不锈钢槽型钢支架	C（HN）– 6
图 6.4 – 7	镀锌钢槽型钢支架	C（HN）– 7
图 6.4 – 8	镀锌钢槽型立柱	C（HN）– 8

主 要 材 料 表

序号	名称	规格	单位	数量
1	混凝土	C25	m³	1.29
2	钢筋	HRB400	kg	185.1
3	垫层	C15	m³	0.21
4	镀锌钢槽型支架	Q355B	kg	52.2

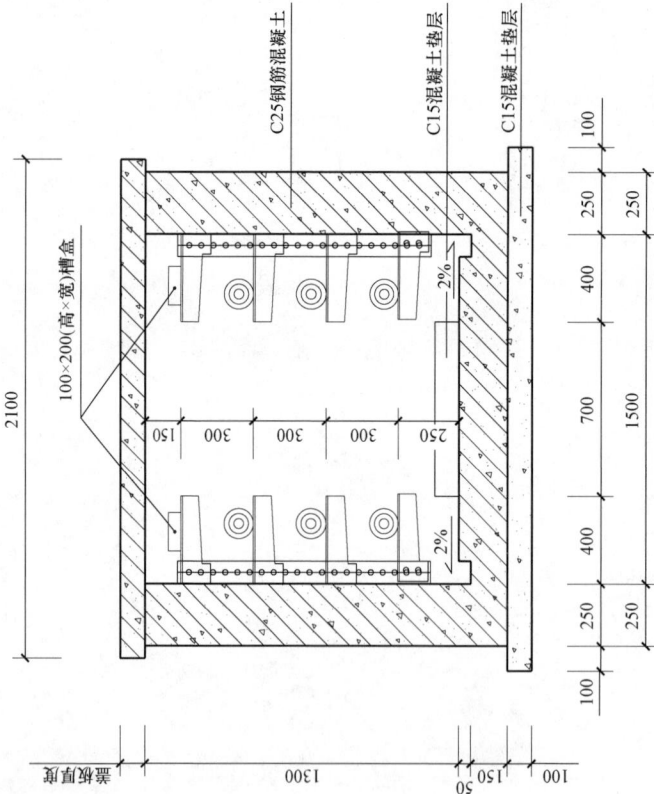

说明：1. 本图电缆沟适用于导体截面 630～1600mm² 电缆敷设。
2. 图中材料表中数据为每米用量。
3. 图中材料表为参考值，实际使用时应根据地面荷载计算确定。
4. 内外侧电缆沟壁均采用 1:2 水泥砂浆抹面。
5. 电缆沟盖板配筋详见盖板制作图。
6. 材料：结构混凝土、电缆沟盖板均采用 C25 混凝土，垫层混凝土 C15、钢筋 HPB300、HRB400。

110kV双回电缆沟（可开启）
C(HN)-1

图 6.4-1 C（HN）-1 110kV 双回电缆沟（可开启）

主要材料表

序号	名称	规格	单位	数量
1	混凝土	C25	m³	1.36
2	钢筋	HRB400	kg	199.5
3	垫层	C15	m³	0.22
4	不锈钢槽型支架	不锈钢 S30408	kg	56.2

说明：1. 本图电缆沟适用于导体截面 2500mm² 电缆敷设。
　　　2. 图中材料表中数据为参考值，实际使用时应根据地面荷载计算确定。
　　　3. 图中材料表长度为每米用量。
　　　4. 内外侧电缆沟壁均采用 1:2 水泥砂浆抹面。
　　　5. 电缆沟盖板配筋详见盖板制作图。
　　　6. 材料：结构混凝土，电缆沟盖板均采用 C25 混凝土，垫层混凝土 C15，钢筋 HPB300、HRB400。

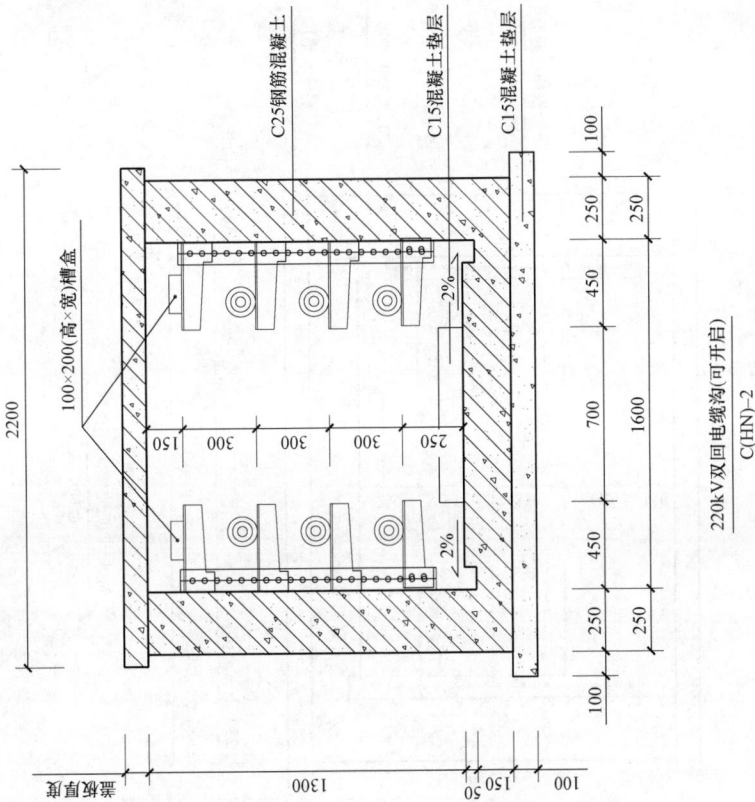

图 6.4-2　C（HN）-2　220kV 双回电缆沟（可开启）

75

主要材料表

序号	名称	规格	单位	数量
1	混凝土	C25	m³	1.41
2	钢筋	HRB400	kg	202.7
3	垫层	C15	m³	0.25
4	镀锌钢槽型支架	Q355B	kg	71.8

说明： 1. 本图电缆沟适用于导体截面 630～1600mm² 电缆敷设。
2. 图中材料表中数据为参考值，实际使用时应根据地面载计算确定。
3. 图中材料表为每米用量。
4. 内外侧电缆沟壁均采用 1:2 水泥砂浆抹面。
5. 电缆沟盖板配筋详见盖板制作图。
6. 材料：结构混凝土、电缆沟盖板均采用 C25 混凝土，垫层混凝土 C15，钢筋 HPB300、HRB400。

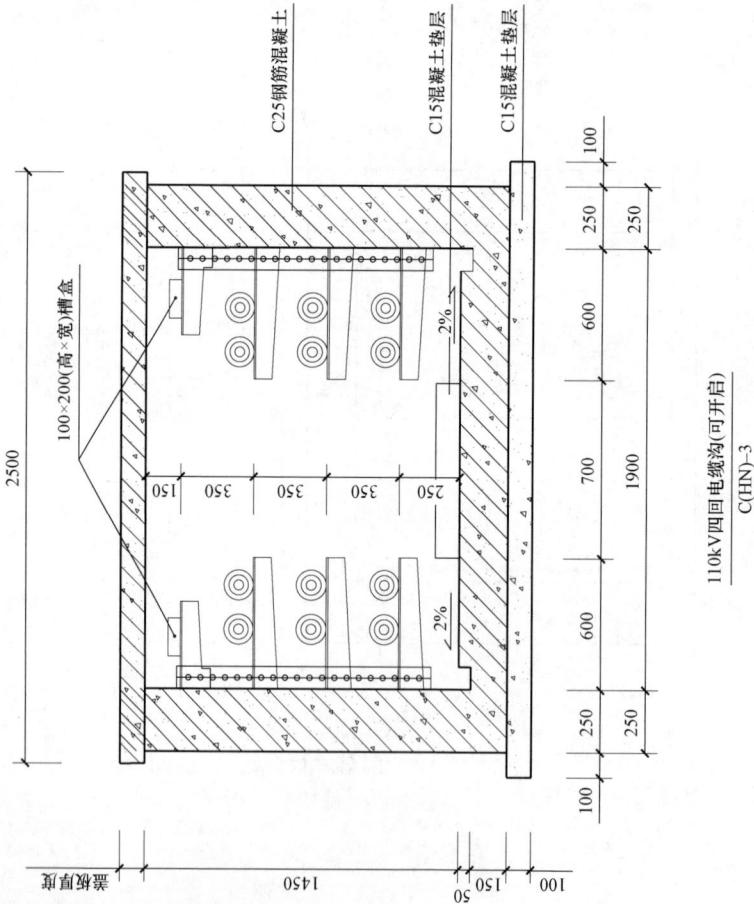

110kV四回电缆沟(可开启)
C(HN)-3

图 6.4-3　C（HN）-3　110kV 四回电缆沟（可开启）

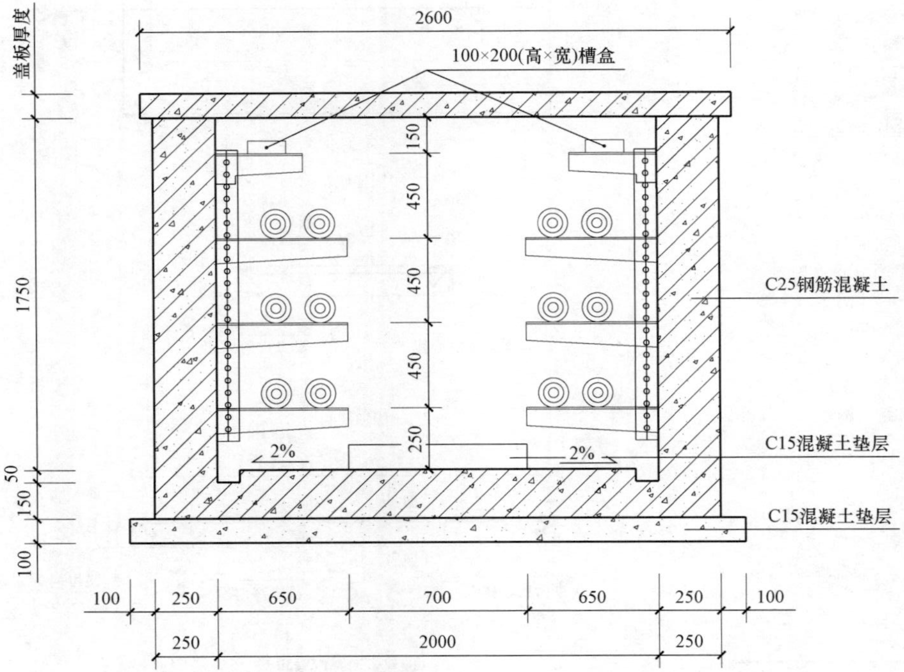

主 要 材 料 表

序号	名称	规格	单位	数量
1	混凝土	C25	m³	1.53
2	钢筋	HRB400	kg	219.3
3	垫层	C15	m³	0.26
4	不锈钢槽型支架	不锈钢 S30408	kg	75.6

说明：1. 本图电缆沟适用于 110kV 导体截面 630～1600mm²，220kV 导体截面 2500mm² 电缆敷设。
2. 图中材料表中数据为每米用量。
3. 图中材料表为参考值，实际使用时应根据地面荷载计算确定。
4. 内外侧电缆沟壁均采用 1:2 水泥砂浆抹面。
5. 电缆沟盖板配筋详见盖板制作图。
6. 材料：结构混凝土，电缆沟盖板均采用 C25 混凝土，垫层混凝土 C15，钢筋 HPB300、HRB400。

110kV、220kV四回混压电缆沟（可开启）
C(HN)-4

图 6.4-4　C（HN）-4　110kV、220kV 四回混压电缆沟（可开启）

室外电缆沟盖板选用表

序号	沟净宽(mm)	编号	盖板规格尺寸			受力钢筋①	分布钢筋②	边框③
			a	b	c			
1	1500	CBW-150	2100	498	150	⊈14@150	φ8@200	L50×5
2	1600	CBW-160	2200	498	150	⊈14@150	φ8@200	L50×5
3	1900	CBW-190	2500	498	150	⊈14@150	φ8@200	L50×5
4	2000	CBW-200	2600	498	150	⊈14@150	φ8@200	L50×5

说明：
1. 电缆沟盖板采用预制盖板，图中尺寸均以 mm 计。
2. 电缆沟盖板具体施工工艺按照《国家电网有限公司输变电工程标准工艺》执行。
3. 沟盖板成品要求：长度偏差：±3mm；宽度偏差：±2mm；厚度偏差：±2mm；对角线偏差：≤3mm；表面平整度偏差：≤3mm。
4. 各图中字母的含义详见选用表。
5. 沟盖板隔 3m 设一个提手。
6. 本图盖板适用于室外电缆沟道，搁置长度为 100mm，安装荷重 10000N/m²。
7. 钢筋混凝土盖板采用材料：C30 细石混凝土，钢筋采用 HPB300 级和 HRB400 级。
8. 角钢边框制作要求方正平直，转角接头处采用电焊。
9. 钢筋与角钢框采用电焊焊接，保护层不小于 3mm。
10. 盖板编号右下角数字，表示沟净宽。例如，CBW150 表示沟净宽为 1500mm。
11. 沟盖板成品要求：长度偏差：±3mm；宽度偏差：±3mm；厚度平整度偏差：≤3mm；对角线偏差：≤3mm；表面平整度偏差：≤3mm。
12. 电缆沟盖板设计考虑地面布荷载标准值 15kN/m²。

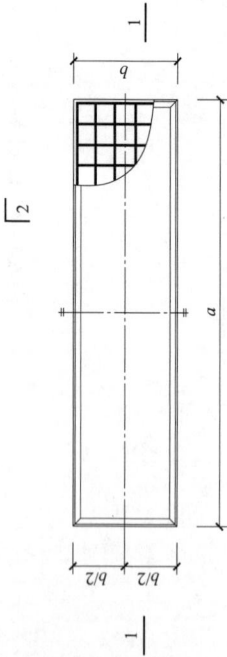

电缆沟盖板平面图

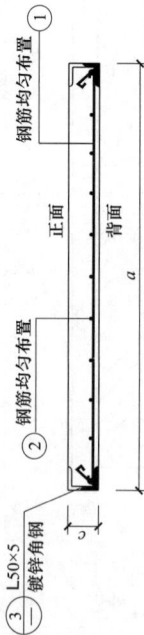

1—1 剖面图

正面

背面

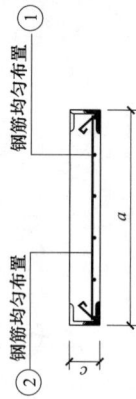

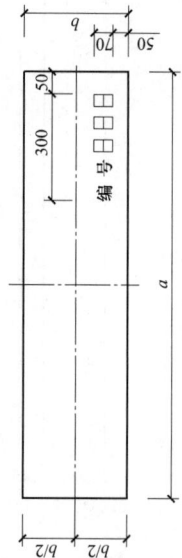

2—2 剖面图

图 6.4－5　C（HN）－5　电缆沟盖板

参 数 表

序号	型号 (b×h×t)	牌号	L (mm)	单层破坏力矩 荷载 (kN·m)	参考质量 (kg/m)	螺栓
1	C80×100×5	06Cr19Ni10	400	1.48	10.2	2M12
2	C80×100×5	06Cr19Ni10	450	1.48	10.2	2M12
3	C80×125×6	06Cr19Ni10	600	3.66	14.41	2M16
4	C80×125×6	06Cr19Ni10	650	3.66	14.41	2M16
5	C80×125×8	06Cr19Ni10	770	5.03	18.71	2M16
6	C80×125×8	06Cr19Ni10	850	5.04	18.71	2M16
7	C80×140×10	06Cr19Ni10	950	6.75	25.12	2M18

此孔位与夹具安装要求配合开孔

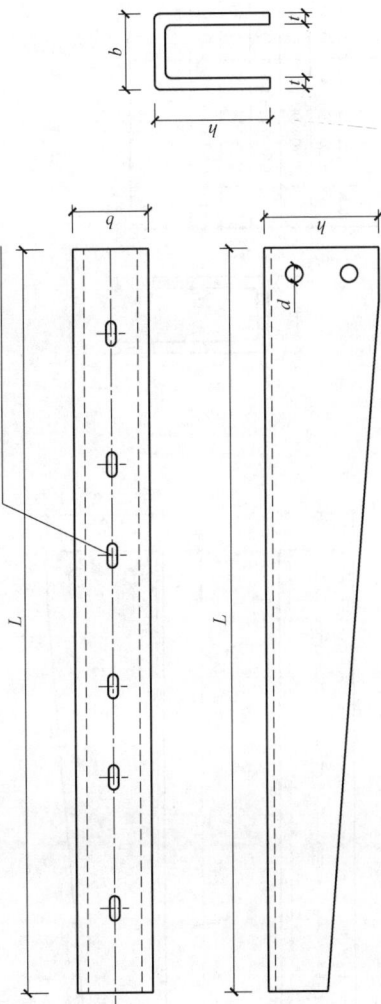

图 6.4-6 C（HN）-6 不锈钢槽型钢支架

说明： 1. 表面光滑、平整、无毛刺。
2. 螺栓的中距不应小于 3d，端距不应小于 2d，边距不应小于 1.5d。
3. 支架与立柱宽度不匹配时，需加垫片进行处理。
4. 工作电流大于 1500A 时横向支架应采用非导磁 S30408 不锈钢。
5. 连接螺栓采用 6.8 级镀锌粗制螺栓（C 级）。
6. 参数释义：L—支架长度；h—截面高度；t—厚度；b—截面宽度；d—螺栓孔径。
7. 表中参考质量和垂直支架(指垂直于支架安装平面方向)破坏力矩荷载供参考，使用时应根据确定的结构尺寸和材质情况计算后确定。
8. 支架固定的螺栓间距确定为 180～210mm，夹具的净宽 210～250mm。
9. 支架开孔大小、间距需按以上要求根据工程实际条件深化设计。

参 数 表

序号	型号 (b×h×t)	牌号	L (mm)	单层破坏力矩荷载 (kN·m)	参考质量 (kg)	螺栓
1	C80×90×4	Q355	400	1.48	7.66	2M12
2	C80×90×4	Q355	450	1.54	7.66	2M12
3	C80×110×5	Q355	600	3.66	10.99	2M16
4	C80×110×5	Q355	650	3.72	10.99	2M16
5	C80×110×8	Q355	770	5.03	16.83	2M16
6	C80×110×8	Q355	850	5.04	16.83	2M16
7	C80×120×8	Q355	950	6.75	18.08	2M18

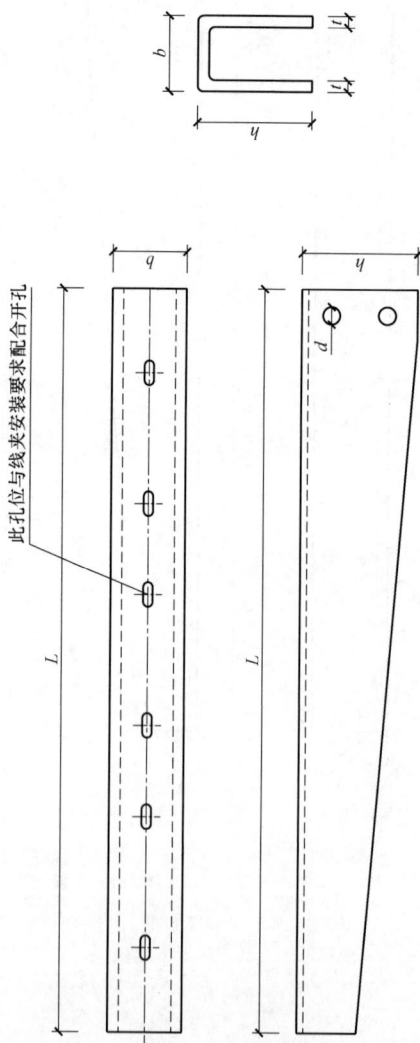

此孔位与线夹安装要求配合开孔

图 6.4-7 C（HN）-7 镀锌钢槽型钢支架

说明：1. 表面光滑、平整、无毛刺。
2. 螺栓的中距不应小于 3d，端距不应小于 2d，边距不应小于 1.5d。
3. 支架与立柱宽度不匹配时，需加垫片进行处理。
4. 工作电流小于 1500A 时横向支架应采用 Q355B。
5. 连接螺栓采用 6.8 级镀锌粗制螺栓（C 级）。
6. 参数释义：L—支架长度；h—截面高度；b—截面宽度；t—厚度；d—螺栓孔径。
7. 表中参考质量和垂直（指垂直于支架安装平面方向）破坏力矩荷载供参考，使用时应根据确定的结构尺寸和材质情况计算后确定。
8. 支架固定的螺栓间距为 150～190mm，夹具的净宽 180～230mm。
9. 支架开孔大小、间距需按以上要求根据工程实际条件深化设计。

参 数 表

序号	型号（b×h×t）	L（mm）	垂直破坏力矩荷载（kN·m）	参考质量（kg）	螺栓
1	C100×100×8	500～3000	6.75	16.83	M12～M18

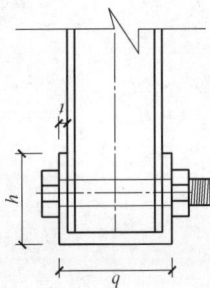

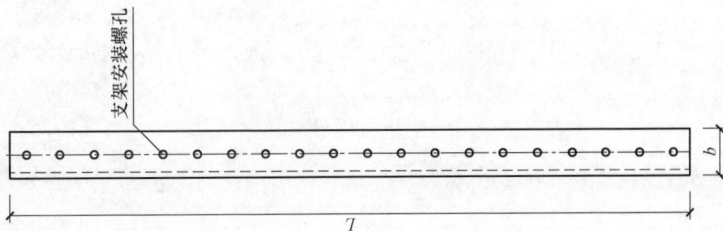

说明：1. 采用镀锌钢材质。表面光滑、平整、无毛刺。
2. 立柱孔位需根据支架安装位置确定。
3. 固定安装螺栓视情况另配。
4. 立柱也可采用直接与预埋件焊接的方式进行固定。
5. 根据验算竖向支架厚度不应小于横向支架厚度。
6. 参数释义：L—支架长度；h—截面高度；b—截面宽度；t—厚度。
7. 表中参考质量和垂直（指垂直于支架平面方向）破坏力矩荷载供参考，使用时应根据确定的结构尺寸和材质情况计算后确定。

图6.4-8 C（HN）-8 镀锌钢槽型立柱

支架安装螺孔

第7章 电缆隧道

7.1　概　　述

电缆隧道敷设适用于重要性及供电可靠性要求高，或同一路径规划敷设 6 回及以上高压电缆的情况。

电缆隧道敷设的优点是：能容纳大规模、多电压等级的电缆；能可靠地防止外力破坏；维护、检修及更换电缆方便；敷设时受外界条件影响小，寻找故障点、修复、恢复送电快。其缺点是：一次性投资大，施工难度大，施工周期长，附属设施复杂。

本章为电缆隧道设计模块，模块命名参考国家电网有限公司现行通用设计原则和方法，结合湖南电网特点和 110kV、220kV 电缆线路设计及建设情况，本通用设计对 D－11、D－12、D－13、D－19、D－21、D－23 等模块进行优化及调整，模块编号调整为"D（HN）"，增补 D（HN）－24、D（HN）－25、D（HN）－26、D（HN）－27 模块。

7.2　适 用 范 围

D（HN）－11、D（HN）－12、D（HN）－13 适用于具备明挖施工条件的情况。

D（HN）－19、D（HN）－21 适用于不具备明挖施工条件的情况。

D（HN）－23：隧道节点模块。

D（HN）－27 适用于设置了电缆中间接头、消防系统、环境监测系统，不具备明开挖条件，但内径小、采用盾构施工不经济的顶管隧道，如采用盾构施工也可选用该模块。

D（HN）－24、D（HN）－25、D（HN）－26 适用于配置了电缆环境监测系统和消防系统、不设置电缆中间接头的顶管隧道，当需要设置中间接头时应根据回路数对应选用 D（HN）－27、D（HN）－19、D（HN）－21 模块。

按照电缆隧道的施工方法、隧道内所敷设电缆的电压等级以及回路数，本通用设计分为 10 个子模块，包括 9 个典型断面模块和 1 个隧道节点子模块，技术条件见表 7.2－1。

表 7.2 – 1　　　　　　　　　　　D（HN）模 块 技 术 条 件

子模块编号	隧道断面尺寸（宽×高或内径，m×m）	隧道施工方法	电缆敷设容量（回）		支架布置
			110kV	220kV	
D（HN）– 11	2.4×2.6	明挖	4	2	两侧
D（HN）– 12	2.74×2.85	明挖	4	4	两侧
D（HN）– 13	2.9×2.9	明挖	4	6	两侧
D（HN）– 19	φ3.4	（顶管或盾构）	4	4	两侧
D（HN）– 21	φ3.6	（顶管或盾构）	4	6	两侧
D（HN）– 23	隧道节点	明挖	—	—	两侧
D（HN）– 24	φ2.8	顶管	4	2	两侧
D（HN）– 25	φ3.2	顶管	4	4	两侧
D（HN）– 26	φ3.5	顶管	4	6	两侧
D（HN）– 27	φ3.0	（顶管或盾构）	4	2	两侧

　　根据《电力工程电缆设计标准》（GB 50217—2018）、《电力电缆隧道设计规程》（DL/T 5484—2013）、《国网湖南省电力有限公司关于电网工程高压电缆设计建设的实施意见》（湘电公司建设〔2019〕508 号）等规定，隧道内电缆支架长度及层间距要求参考表 7.2 – 2。表 7.2 – 2 中所列电缆敷设容量仅为依据敷设电压等级、回路数（或根数）、截面、排列方式确定的各模块典型敷设方式及断面规模，具体工程中可根据实际情况，按照不同电压等级电缆支架长度及层间距要求拼接组合确定方案。

表 7.2 – 2　　　　　　　　　　　电缆支架长度及层间距要求

电压等级	排列方式	支架有效长度（mm）	支架层间距离（mm）
通信光缆	—	500	300
110kV	水平排列	670	350、550～650（接头处）
220kV	水平排列	750	450、550～600（接头处）
	三角排列	300（单根）	350、550～600（接头处）
		500（两根）	450、550～600（接头处）

　　注　为保证隧道断面的一致性，接头处不同的层间距通过调节支架的安装高度解决。

7.2.1　使用说明

　　本使用说明重点是对模块适用条件、方案选用组合条件等内容进行说明，以方便在具体工程设计时采用。

（1）D（HN）-11、D（HN）-12、D（HN）-13 子模块为明挖隧道，适用于建设场地比较开阔，且地下管线对工程施工影响较小的区域。

（2）D（HN）-19、D（HN）-21、D（HN）-24、D（HN）-25、D（HN）-26、D（HN）-27 子模块为顶管或盾构隧道，适用于地面交通运输繁忙、地下管线密布、穿越铁路、公路等现状市政管线等区域。建议 D（HN）-24、D（HN）-25、D（HN）-26 用于电缆出站后长度小于 200m 的隧道、穿越无法明开挖施工的道路的短距离隧道，由于隧道及电缆长度较短，不考虑布置中间接头的情况。当 6 回 110kV、220kV 电缆在同一个隧道内敷设，距离较长、等级较高，需设置中间接头、隧道环境监测、消防报警系统等附属设施时，内径不大采用盾构施工不经济时，可采用 D（HN）-27 顶管施工。

相同的回路数选用顶管或者隧道施工方案时，需经过地下管线物探，探明管线输送的介质、类型、材质、外径，按照规范确定的交叉、平行距离确定施工方案，结合隧道的等级、电缆布置方式及远期规划、电缆分段、隧道附属设施的布置情况，经技术经济比选后选择既满足工期需要，又经济、安全的最佳方案。

（3）D（HN）-23 子模块为隧道节点，包含三通节点、四通节点等。

7.2.2 基本使用步骤

7.2.2.1 模块的拼接

（1）内部子模块的使用和拼接。

1）本电缆敷设通用设计文件可用于实际工程可行性研究、初步设计阶段。

2）可根据实际工程适用条件、前期工作确定的原则，从通用设计模块中选取适合的子模块作为电缆本体设计。

3）如本通用设计一个子模块不能满足要求时，可从其他子模块中选取相应的部分进行组合，以满足具体工程的要求。

4）模块选择完毕后，再加入本通用设计中未包括的部分，组成整体工程设计。

（2）如采用本模块尚不能满足工程实际需要，可将本通用设计中其他模块与本模块进行组合拼接，完成电缆线路设计。

7.2.2.2 模块的调整

具体工程中，应深入了解模块的构成和特性，如果设计模块与本通用设计模块有差异，应根据模块的形成特点与规模差异进行调整，并注意满足相应设计规范要求。

7.2.3　模块拼接注意事项

（1）根据电缆线路的路径、电压等级、外部环境及具体工程批复规模等合理选择基本模块。

（2）明确基本模块后，对不适应部分进行修正后再拼接。

（3）根据所有外部条件调整图纸，完善结构设计、设备材料配置及本通用设计中未涉及的部分，完成工程可研或初步设计。

7.3　技　术　要　求

参照《电力电缆隧道设计规程》（DL/T 5484—2013）等规定以及国家电网有限公司相关文件要求，结合湖南电网规划和城市规划，电缆隧道选型应考虑地形、地质、环境、施工、造价和运维等电力设施专业性要求。

电缆隧道结构设计需要满足：使用年限及耐久性要求；作用及作用效应分析；结构的极限状态设计；结构及构件的构造、连接措施；结构防水、施工条件等要求。

电缆隧道内应设置照明系统、排水系统、通风系统、通信电话、标志（警示）装置等附属设施，具体要求及标准应满足相关规程、规范、技术导则要求。

7.3.1　结构设计原则

（1）隧道建筑物应按永久性结构设计，具有规定的强度、稳定性和耐久性。

（2）对埋设在历史最高水位以下的电缆隧道，应根据设计条件计算结构的抗浮稳定，计算时不应计入隧道内管线和设备自重，且抗浮稳定性抗力系数应不低于 1.05。

（3）隧道应设置集水坑，集水坑位于隧道的低点，纵向坡度不宜小于 0.5%。

（4）隧道结构上的荷载应根据隧道所处的地形、地质条件、埋置深度、结构特征和工作条件、施工方法、相邻管线等因素确定。对地质复杂区域的隧道，必要时应通过实地测量确定作用的代表值或荷载计算值及其分布规律。

（5）作用在结构上的水压力，可根据施工阶段和长期使用过程中的地下水位的变化，区分不同的围岩条件，按静水压力计算或把水作为土的一部分计入水压力。

（6）电缆隧道应按照重要电力设施标准建设，宜采用钢筋混凝土结构；隧道工程的结构设计使用年限应为 100 年；一般隧道结构安全等级宜采用二级，针对特殊地段的隧道结构可采用一级；隧道应采用全封闭的防水设计，防水等级不应低于二级；隧道工程应按丙类建筑物进行抗震设计。

（7）工程材料应根据结构类型、受力条件、使用要求和所处环境选用，并符合可靠性、耐久性和经济性要求。同时应满足以下规定：

1）一般环境条件下电缆隧道的混凝土强度等级不宜低于表 7.3 – 1 的规定。

2）当有侵蚀性水经常作用时，所用混凝土和水泥砂浆均应具有相应的抗侵蚀性能。

3）受力钢筋强度等级不应低于 HRB400，箍筋及构造钢筋强度等级不应低于 HPB300，宜优先选用变形钢筋。

表 7.3 – 1　　　　　　　　　　　　电缆隧道混凝土的设计强度等级

明挖	—	整体式钢筋混凝土结构	C40
		预制钢筋混凝土结构	C50
		作为永久结构的地下连续墙和灌注桩	C40
暗挖	矿山法	喷射混凝土衬砌	C20
		现浇混凝土或钢筋混凝土衬砌	C40
	盾构法	装配式钢筋混凝土管片	C50
		整体式钢筋混凝土衬砌	C40
	顶管法	钢筋混凝土管	C50

7.3.2 明挖隧道结构设计

（1）明挖隧道宜采用以概率理论为基础的极限状态设计方法，以可靠度指标度量结构构件的可靠度，以分项系数设计表达式进行设计。

（2）明挖隧道结构按承载能力极限状态计算和按正常使用极限状态验算时，应按规定的荷载对结构的整体进行荷载效应分析；必要时，尚应对结构中受力状况特殊的部分进行更详细的结构分析。

（3）明挖隧道顶板或拱顶上部垂直土压力宜按全土柱计算。

（4）明挖隧道宜按底板支撑在弹性地基上的结构计算。

（5）明挖隧道应根据地质、埋深、施工方法等条件，进行抗浮、整体滑移及地基承载力验算。

7.3.3 暗挖隧道结构设计

7.3.3.1 顶管隧道

（1）顶管隧道按以下两种极限状态进行设计时，应分别计算以下内容：

1）承载能力极限状态：顶管结构纵向超过最大顶力破坏，管壁因材料强度被超过而破坏；隧道的管段接头因顶力超过材料强度破坏。

2）正常使用极限状态：钢筋混凝土隧道裂缝宽度超过规定限值。

（2）顶管隧道结构按承载能力极限状态计算和按正常使用极限状态验算时，除按规定的荷载对结构的整体进行荷载效应分析，必要时，尚应对结构中受力状况特殊的部分进行更详细的结构分析。

（3）隧道结构内力分析均应按弹性体系计算，不考虑由非弹性变形所引起的塑性内力重分布。

（4）顶管管径应根据设计功能及相关要求确定。顶管一般采用钢筋混凝土管，并应按刚性管计算。

（5）顶进土层选择应符合下列规定：

1）顶管可在淤泥质黏土、黏土、粉土及砂土中顶进。

2）下列情况下不宜采用顶管施工：① 土体承载力 f_d 小于 30kPa；② 岩土强度大于 15MPa；③ 土层中砾石含量大于 30%或粒径大于 200mm 的砾石含量大于 5%；④ 江河中覆土层渗透系数 K 大于或等于 10^{-2}cm/s。

3）长距离顶管不宜在土层软硬明显的界面上顶进。

（6）顶管间距应满足下列要求：

1）互相平行的管道水平间距应根据土层性质、管道直径和管道埋置深度等因素确定，一般情况下宜大于 1 倍的管道外径。

2）空间交叉管道的净间距，钢筋混凝土管不宜小于 1 倍管道外径，且不宜小于 2m。

3）顶管底与建筑物基础底面相平时，直径小于 1.5m 的管道宜与建筑物基础边缘保持 2 倍管径间距，直径大于 1.5m 的管道宜保持 3m 净距。

4）顶管底低于建筑基础底标高时，其间距尚应满足地基土体稳定性的要求。

7.3.3.2 盾构隧道

（1）隧道的断面形状除应满足电缆敷设的要求外，还应根据受力分析、施工难度、经济性等因素确定，宜优先采用圆形断面。

（2）隧道的平面线形宜选用直线和大曲率半径的曲线。

（3）盾构法施工的电缆隧道的覆土厚度不宜小于隧道外径，局部地段无法满足时应采取必要的措施。

（4）隧道衬砌宜采用接头具有一定刚度的柔性结构，并限制结构和接缝变形，满足结构受力和防水要求。

（5）隧道结构在施工阶段和使用阶段应进行抗浮验算。

7.3.4 隧道节点

隧道节点包括三通、四通，以及人员出入、电缆放线、通风、排水、照明、低压供电等功能性井室。需根据电缆隧道路径情况、各种功能要求和隧道施工方法等因素合理设计。

（1）在环境允许的情况下应将检查井、三通井、四通井、人孔井、放线井、通风井、排水井等与施工工作井结合布设。

（2）一般情况下井室宜布置在隧道线位正上方。如条件限制，可将井室布置在隧道线位两侧，通过联络通道与隧道连通。

（3）电缆隧道工作井井室高度不宜超过 5.0m，超过时应设置多层工作井或过渡平台，并设置盖板，多层工作井每层设固定式或移动式爬梯。

（4）隧道工作井上方人孔内径不应小于 800mm，在电缆隧道交叉处的人孔不应垂直设在交叉处的正上方，应错开布置。

（5）电缆隧道三通井、四通井应满足最高电压等级电缆线路的弯曲半径要求，井室顶板内表面应高于电缆隧道内顶 0.5m，并应预埋电缆吊架，在最大容量电缆敷设后各个方向通行高度不低于 1.5m。

7.3.5 工程防水

电缆隧道防水应遵循"防、堵结合，综合治理"的原则，保证电缆隧道结构和电缆、其他电气设备的正常使用。电缆隧道防水设计应根据地表水、地下水和毛细管水等的作用，以及由于人为因素引起的附近水文地质改变来确定。

（1）电缆隧道应采用全封闭的防水设计，且应满足下列要求：

1）隧道拱部、边墙、路面不渗水。

2）有冻害地段的隧道、竖井衬砌背后不积水，排水沟不冻结。

（2）电缆构筑物应实现排水通畅，且应符合下列规定：

1）电缆沟、隧道的纵向排水坡度不得小于 5‰。

2）沿排水方向适当距离宜设置集水井及其泄水系统，必要时应实现机械排水。

3）隧道底部沿纵向宜设置泄水边沟。

（3）电缆隧道的防水等级应不低于二级，各等级防水标准应符合《建筑与市政工程防水通用规范》（GB 55030—2022）的规定。

（4）电缆隧道防水混凝土的抗渗等级：湖南地区应不低于 P6。防水混凝土设计抗渗等级的选择尚应满足《地下工程防水技术规范》（GB 50108—2008）及《建筑与市政工程防水通用规范》（GB 55030—2022）的要求。

（5）电缆隧道的防水设防要求应根据使用功能、使用年限、水文地质、结构型式、环境条件、施工方法及材料性能等因素合理确定，明挖隧道、暗挖隧道应满足《地下工程防水技术规范》（GB 50108—2008）及《建筑与市政工程防水通用规范》（GB 55030—2022）的要求。

（6）隧道采用复合式衬砌时，在初期支护与二次衬砌之间应设置防水层，防水层的选择应满足《地下工程防水技术规范》（GB 50108—2008）及《建筑与市政工程防水通用规范》（GB 55030—2022）的要求。

（7）有侵蚀性地下水时，应针对侵蚀类型，采用抗侵蚀混凝土，压注抗侵蚀浆液或铺设抗侵蚀防水层。

（8）电缆隧道露天出入口及敞开通风口应计算雨水排放量，计算重现期 P 取 50 年。

（9）电缆隧道应结合隧道工作井、通风口、出入口、隧道纵坡最低处等设置水井，采用潜水排水泵提升至就近市政排水系统，排水泵出水管路上应设置止回阀，以防止雨水倒灌。如有条件应直接排入市政排水系统，且确保市政雨、废水不能倒灌至隧道。

7.3.6　防洪涝

依据《城市防洪规划规范》（GB 51079—2016）和《防洪标准》（GB 50201—2014）等规程规范，并参考《国家电网有限公司关于印发电网防汛抗灾能力提升重点工作措施的通知》（国家电网设备〔2021〕471 号）等技术文件，本通用设计在电缆构筑物土建方面提出以下相关防洪设计原则：

（1）应优化电缆通道进站坡度并做好封堵措施，站外电缆终端杆（塔）引下电缆沟、电缆隧道与变电站内电缆通道相接围墙处应建有挡水墙，避免站外雨水倒灌入站内。

（2）电缆隧道应采取有组织的排水，隧道内纵向排水坡度不宜小于 5‰，并坡向集水井。

（3）电缆隧道应采用全封闭的防水设计，其附建的电缆隧道出入口的防水设防高度应高出室外地坪高程 500mm 以上。

（4）本通用设计结合现行规程规范、国家电网有限公司和国网湖南省电力公司相关文件提出指导原则和建议，供设计、评审、施工及运维等人员参考使用，具体工程还应根据最新的规程、规范和工程实际，经论证后确定。

7.4　设　计　图

D 模块设计图清单见表 7.4－1。

图纸中符号说明：L—隧道埋深；B—断面净宽度；H—断面净高度；a、b—结构厚度。设计图中尺寸未注明单位者均为 mm。

表 7.4－1　　　　　　　　　　　　D 模块设计图清单

图序	图名	图纸编号
图 7.4－1	D（HN）－11 模块断面图	D（HN）－11－01
图 7.4－2	D（HN）－11 模块直线井	D（HN）－11－02
图 7.4－3	D（HN）－11 模块转角井	D（HN）－11－03
图 7.4－4	D（HN）－11 模块三通井	D（HN）－11－04
图 7.4－5	D（HN）－11 模块四通井	D（HN）－11－05
图 7.4－6	D（HN）－11 模块排水井	D（HN）－11－06
图 7.4－7	D（HN）－11 模块正通风口	D（HN）－11－07
图 7.4－8	D（HN）－11 模块偏通风口	D（HN）－11－08
图 7.4－9	D（HN）－11 模块吊架	D（HN）－11－09
图 7.4－10	D（HN）－12 模块断面图	D（HN）－12－01
图 7.4－11	D（HN）－13 模块断面图	D（HN）－13－01
图 7.4－12	D（HN）－19 模块断面图	D（HN）－19－01
图 7.4－13	D（HN）－21 模块断面图	D（HN）－21－01

图序	图名	图纸编号
图 7.4－14	D（HN）－23 明挖隧道三通井节点图	D（HN）－23－01
图 7.4－15	D（HN）－23 明挖隧道四通井节点图	D（HN）－23－02
图 7.4－16	D（HN）－23 明挖隧道三通井下沉结构图（一）	D（HN）－23－03
图 7.4－17	D（HN）－23 明挖隧道三通井下沉结构图（二）	D（HN）－23－04
图 7.4－18	D（HN）－23 明挖隧道四通井下沉结构图（一）	D（HN）－23－05
图 7.4－19	D（HN）－23 明挖隧道四通井下沉结构图（二）	D（HN）－23－06
图 7.4－20	D（HN）－24 模块断面图	D（HN）－24－01
图 7.4－21	D（HN）－25 模块断面图	D（HN）－25－01
图 7.4－22	D（HN）－26 模块断面图	D（HN）－26－01
图 7.4－23	D（HN）－27 模块断面图	D（HN）－27－01

主 要 材 料 表

序号	名称	规格	单位	数量
1	混凝土	C40	m³	3.5
2	钢筋	HPB300/HRB400	kg	420
3	垫层	C15	m³	0.32

说明：1. 表中数据为每米用量。
　　　2. 钢筋用量为参考值，实际使用应根据荷载计算确定。
　　　3. 参数释义：a—侧壁厚度，b—顶板厚度。
　　　4. 支架层间距应严格按图示执行，过道净宽可依据工程实际调整，
　　　　但不得小于规范值。

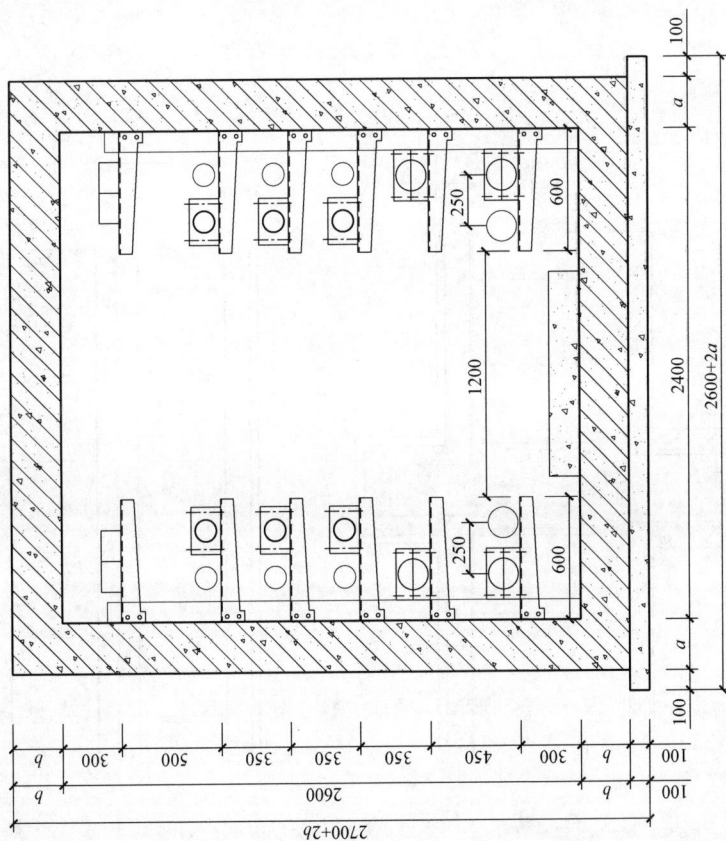

图 7.4-1　D（HN）-11-01　D（HN）-11 模块断面图

93

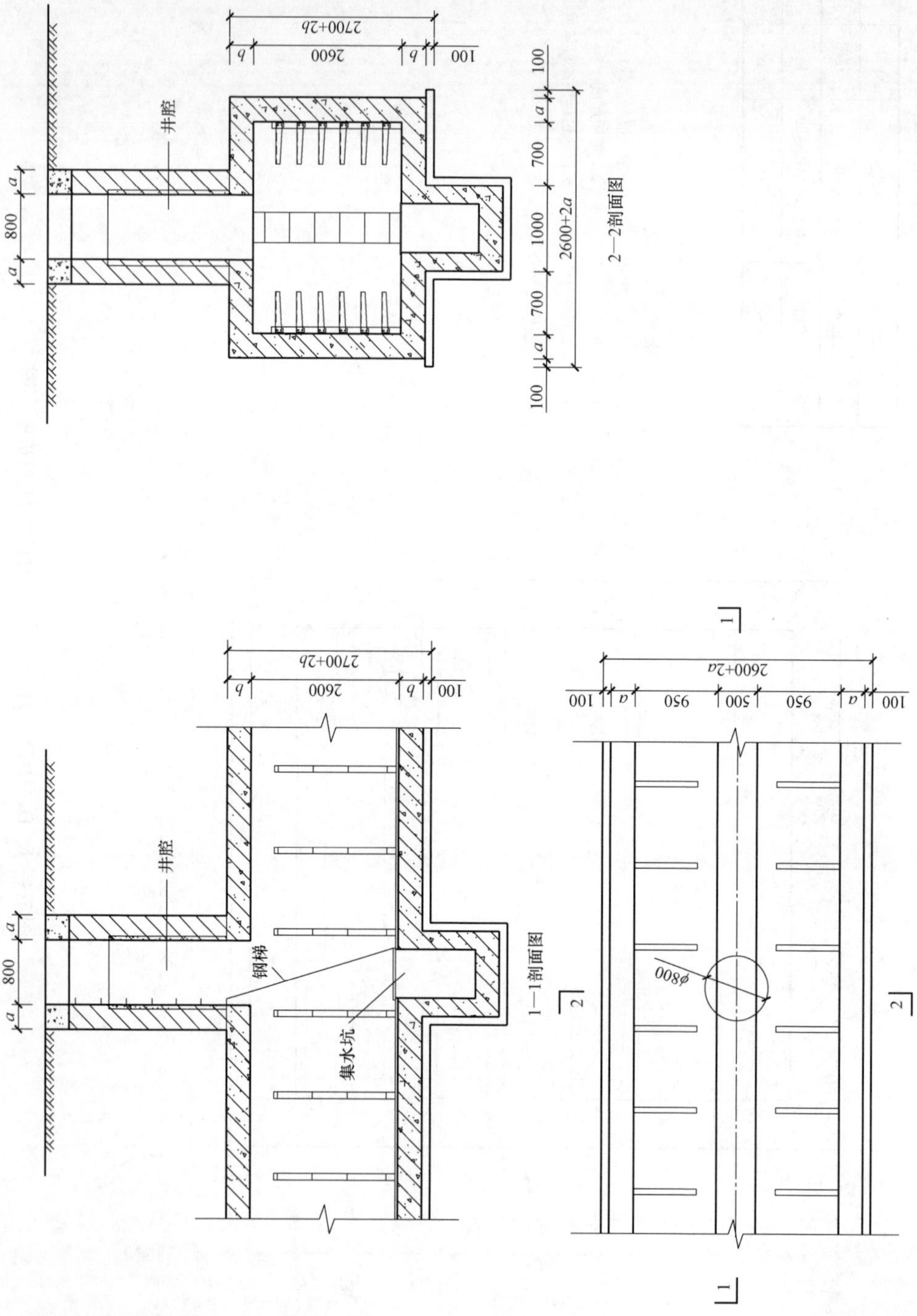

图 7.4-2 D（HN）-11-02 D（HN）-11 模块直线井

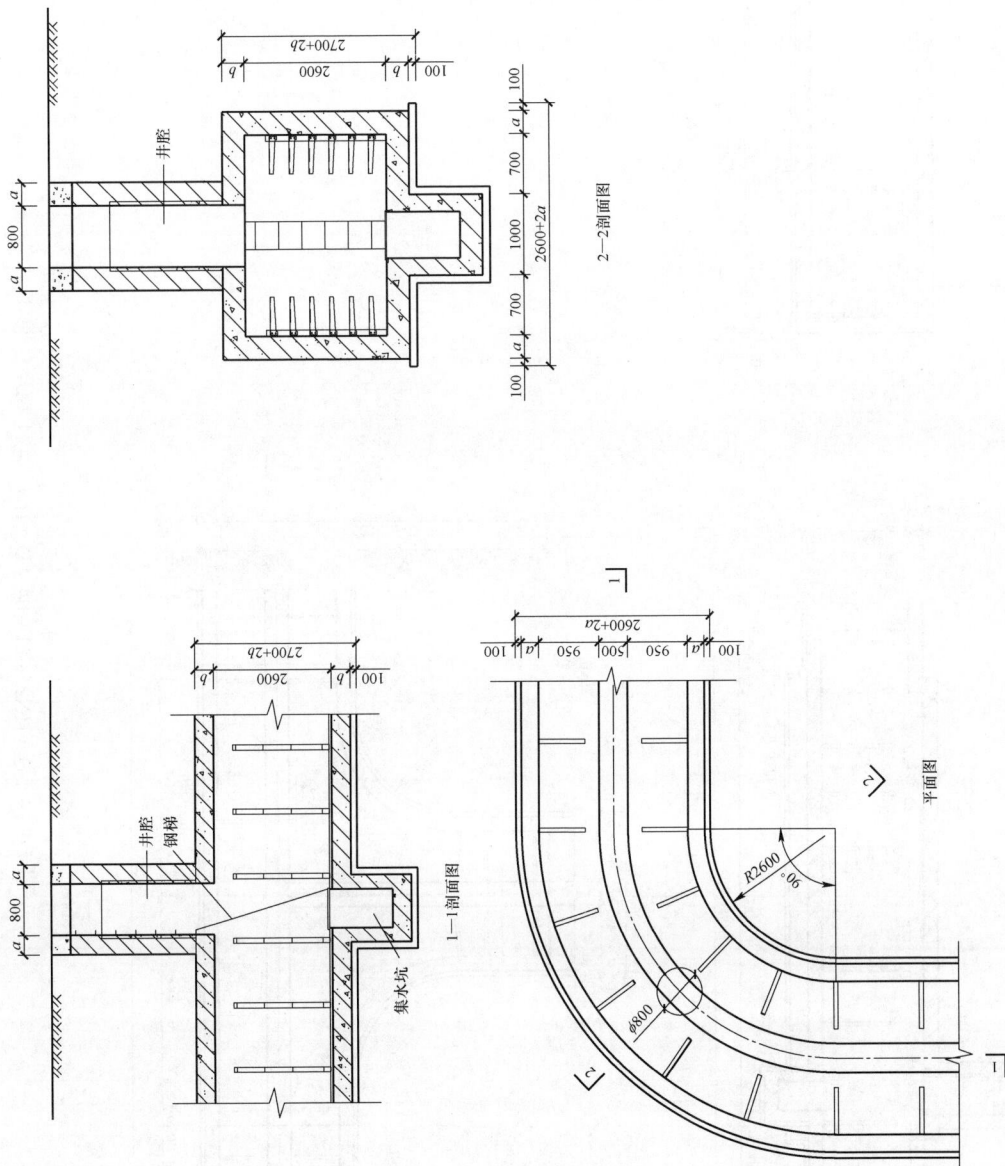

2—2剖面图

1—1剖面图

平面图

图 7.4-3 D（HN）-11-03 D（HN）-11 模块转角井

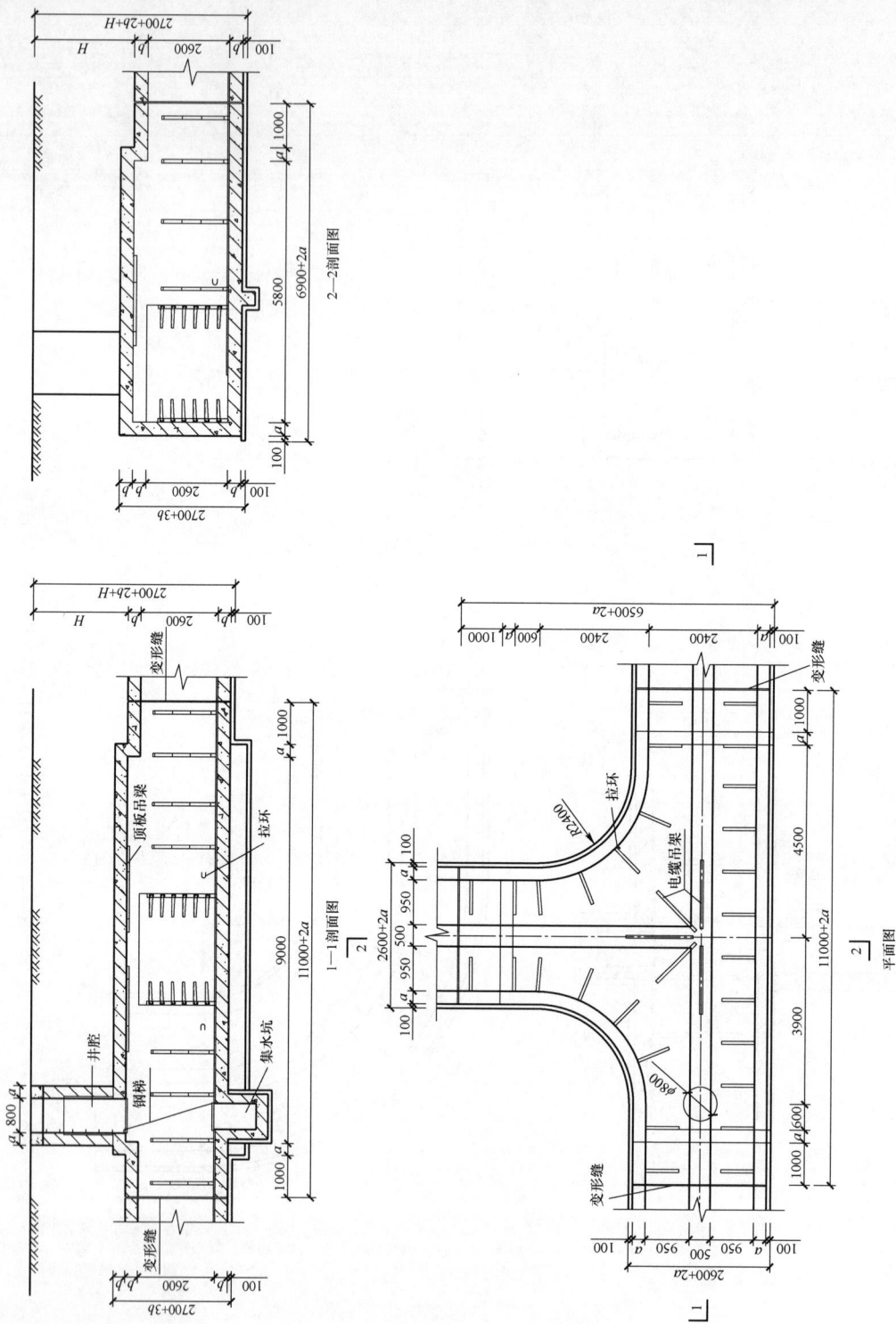

图 7.4-4　D（HN）-11-04　D（HN）-11 模块三通井

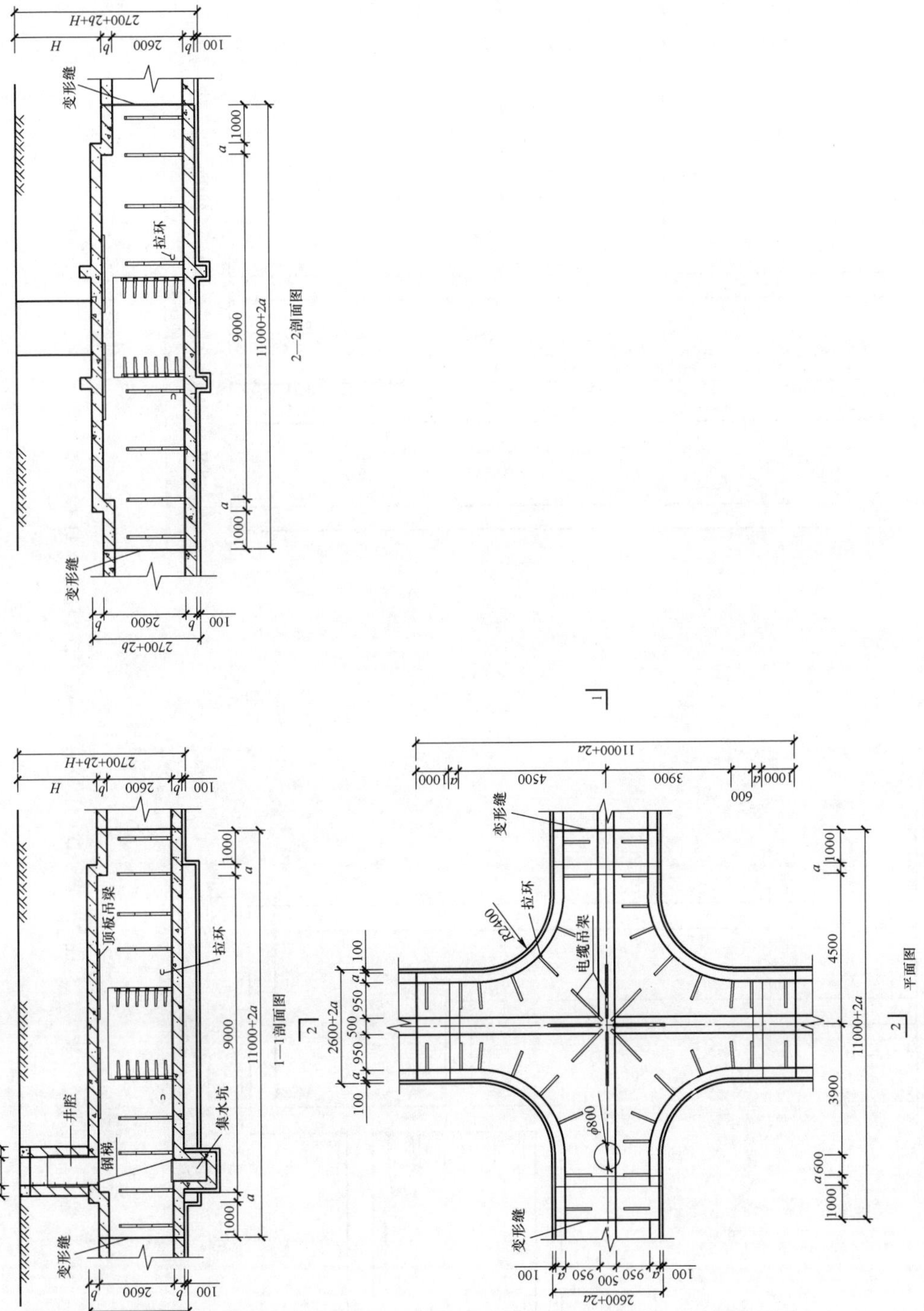

图 7.4-5 D（HN）-11-05 D（HN）-11 模块四通井

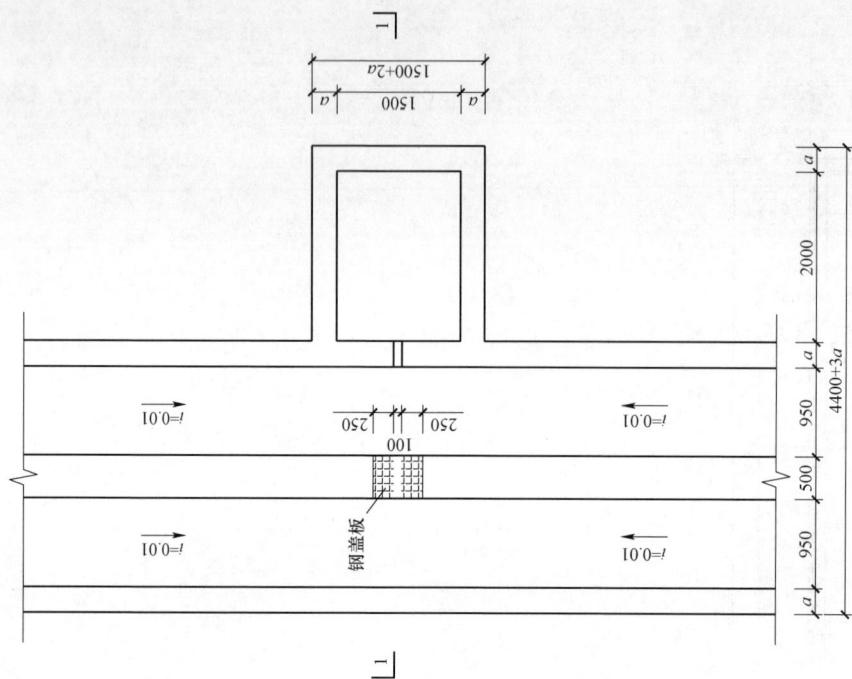

排水井平面图

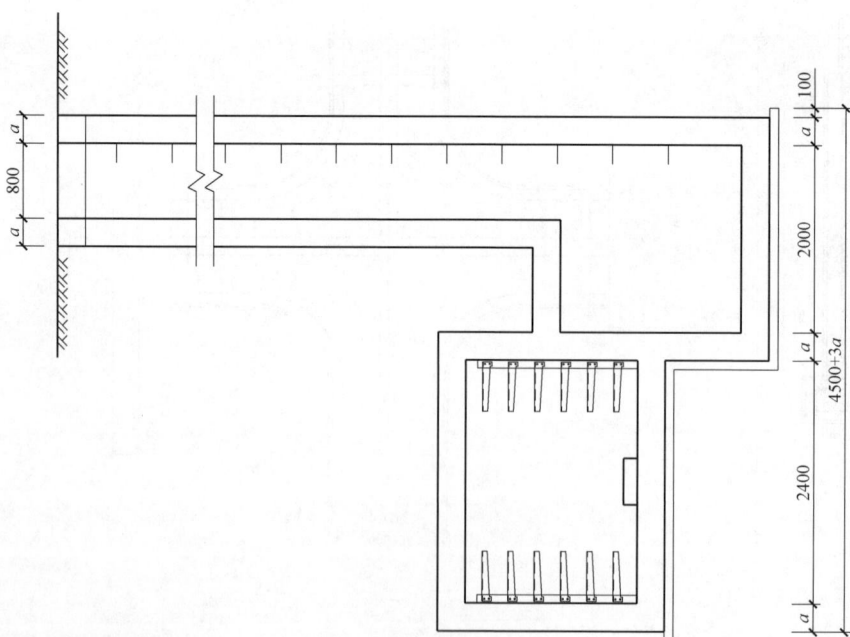

1—1剖面图

图 7.4-6　D（HN）-11-06　D（HN）-11 模块排水井

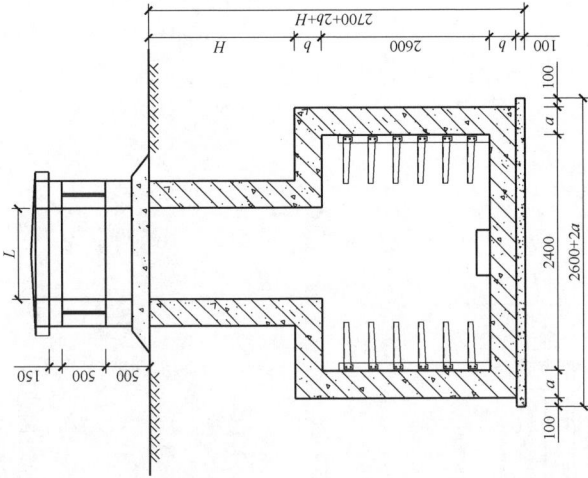

2—2剖面图

说明：通风口尺寸 L 可根据通风区段长度进行调整。

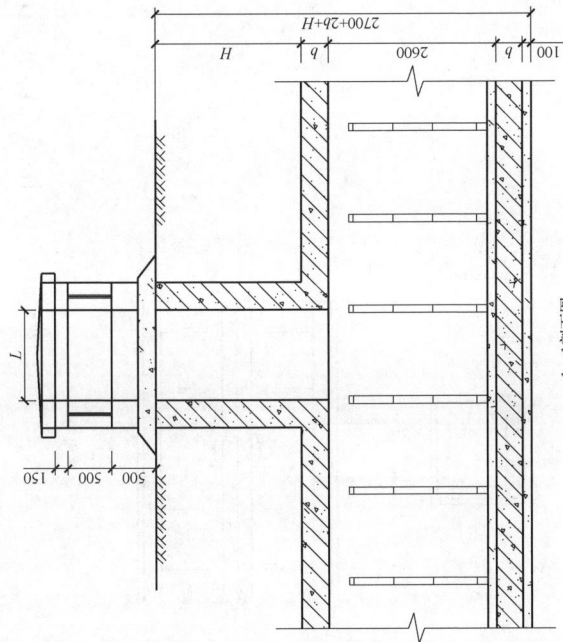

1—1剖面图

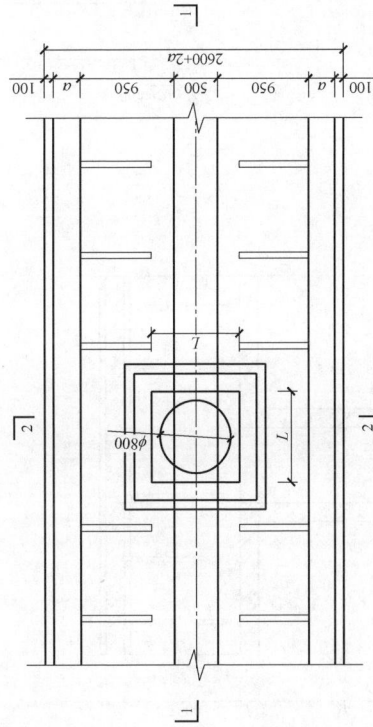

平面图

图7.4-7　D（HN）-11-07　D（HN）-11 模块正通风口

说明：通风口尺寸 L 可根据通风区段长度进行调整。

2－2剖面图

1－1剖面图

平面图

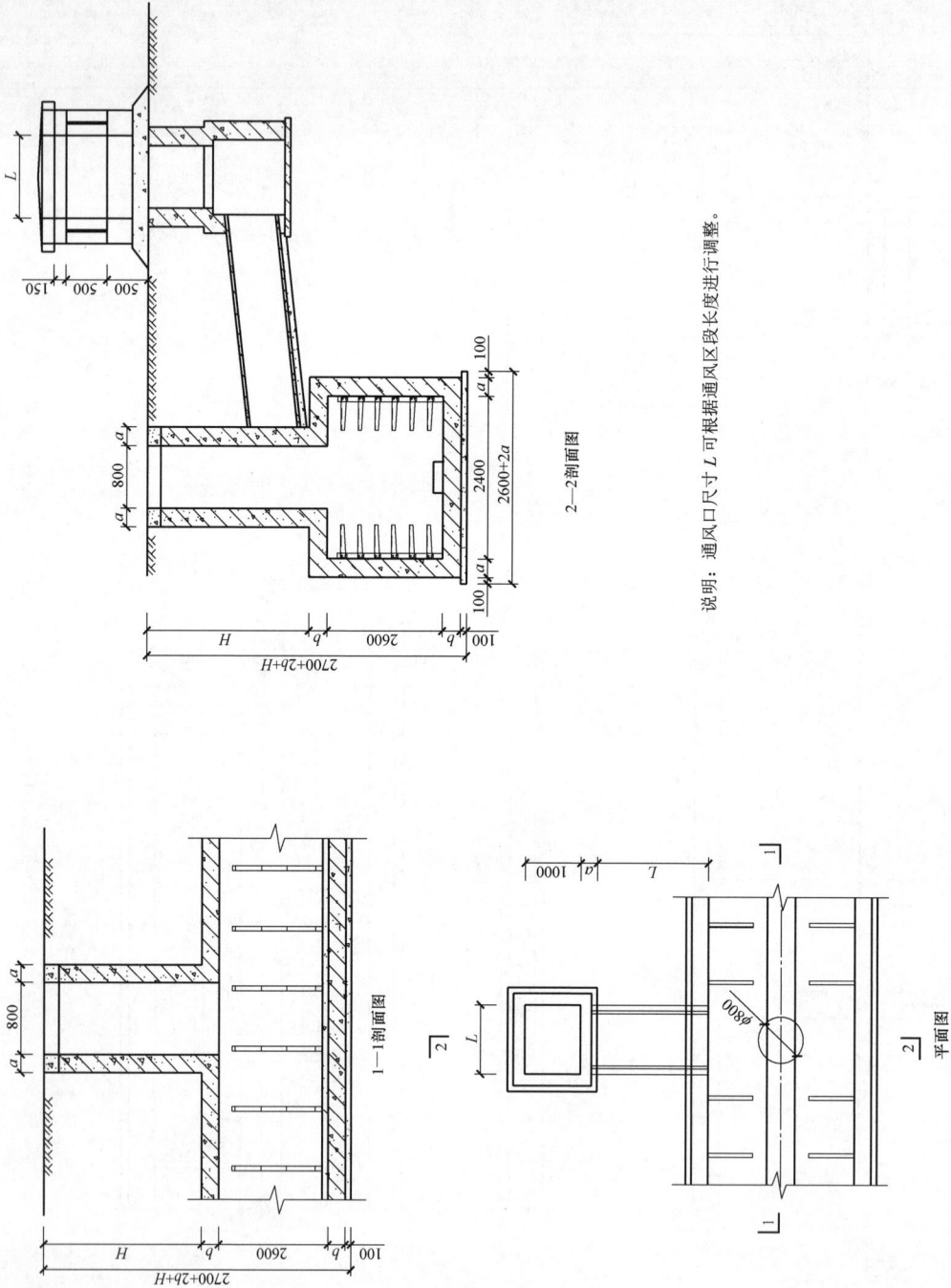

图 7.4－8　D（HN）－11－08　D（HN）－11 模块偏通风口

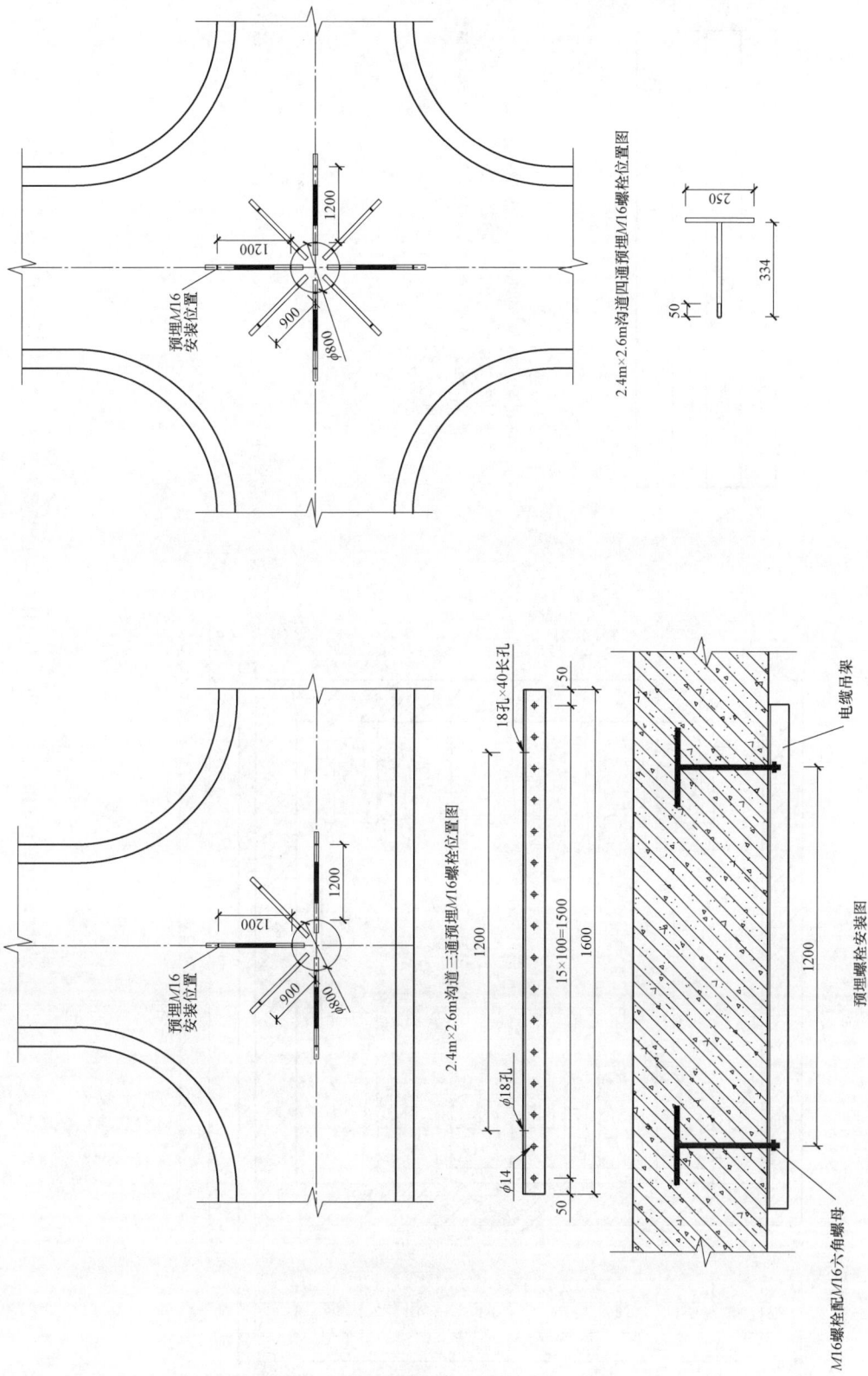

2.4m×2.6m沟道四通预埋M16螺栓位置图

预埋M16
安装位置

φ800

2.4m×2.6m沟道三通预埋M16螺栓位置图

预埋M16
安装位置

φ800

18孔×40长孔

φ18孔

φ14

15×100=1500

1200

1600

50

50

电缆吊架

预埋螺栓安装图

M16螺栓配M16六角螺母

250

334

50

图7.4-9　D（HN）-11-09　D（HN）-11 模块吊架

主 要 材 料 表

序号	名称	规格	单位	数量
1	混凝土	C40	m³	3.75
2	钢筋	HPB300/HRB400	kg	450
3	垫层	C15	m³	0.36

说明：1. 表中数据为每米用量。
2. 钢筋用量为参考值，实际使用应根据荷载计算确定。
3. 参数释义：a—侧壁厚度，b—顶板厚度。
4. 支架层间距应严格按图示执行，过道净宽可依据工程实际调整，但不得小于规范值。

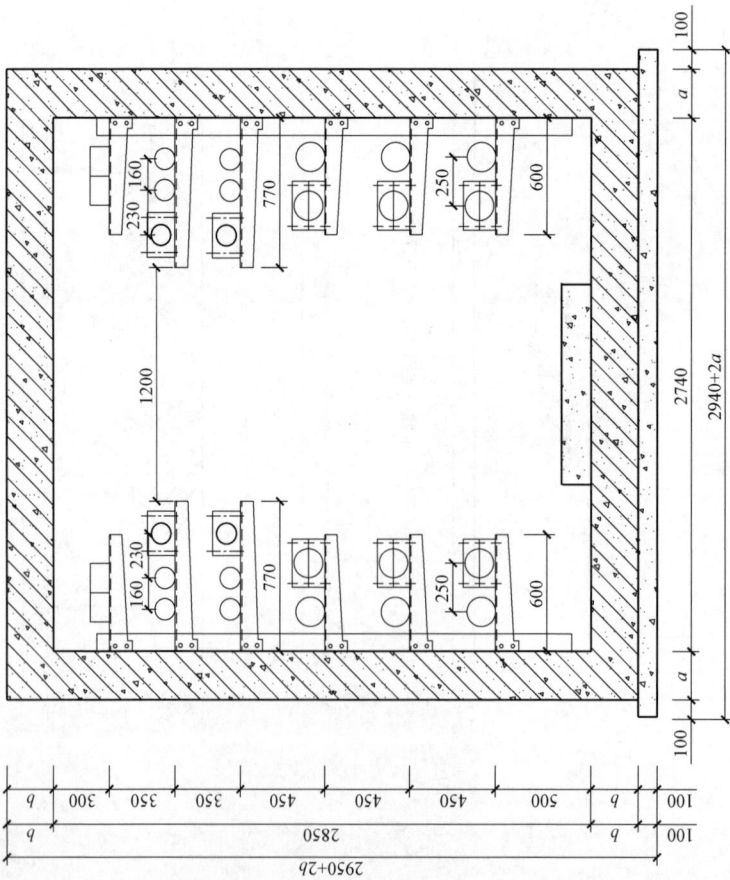

图 7.4-10　D（HN）-12-01　D（HN）-12 模块断面图

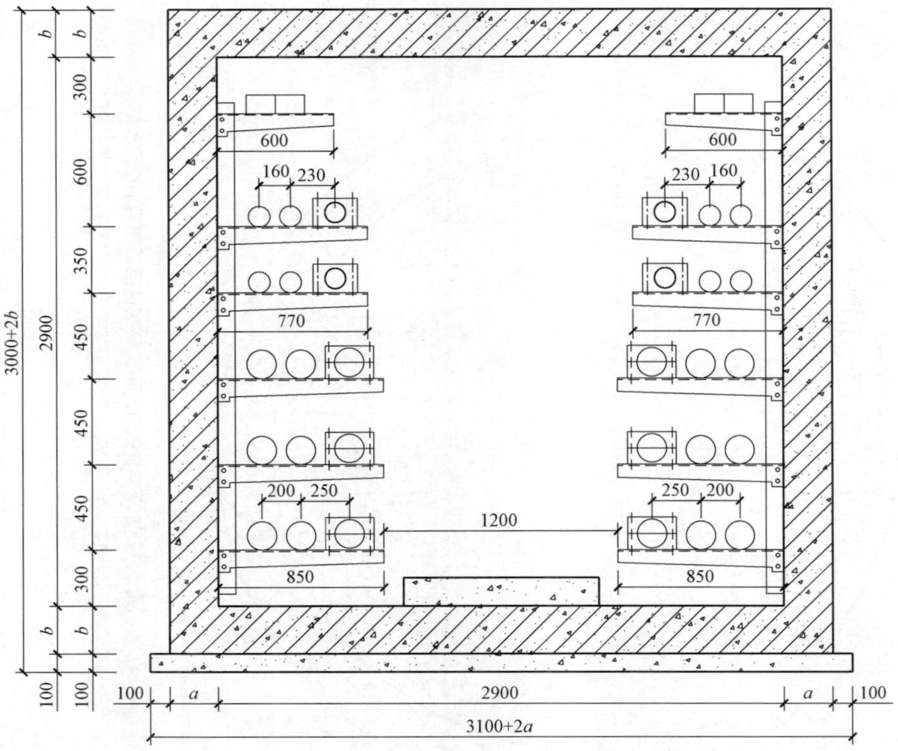

主 要 材 料 表

序号	名称	规格	单位	数量
1	混凝土	C40	m³	3.85
2	钢筋	HPB300/H RB400	kg	465
3	垫层	C15	m³	0.37

说明: 1. 表中数据为每米用量。
2. 钢筋用量为参考值,实际使用应根据荷载计算确定。
3. 参数释义:a—侧壁厚度,b—顶板厚度。
4. 支架层间距应严格按图示执行,过道净宽可依据工程实际调整,但不得小于规范值。

图7.4-11 D(HN)-13-01 D(HN)-13模块断面图

主 要 材 料 表

序号	名称	规格	单位	数量
1	混凝土	C40/C50	m³	3.49
2	钢筋	HPB300/HRB400	kg	488.6

说明：1. 表中数据为每米用量。
2. 钢筋用量为参考值，实际使用应根据荷载计算确定。
3. 参数释义：a—壁厚。
4. 支架层间距应严格按图示执行，过道净宽可依据工程实际调整，但不得小于规范规定值。

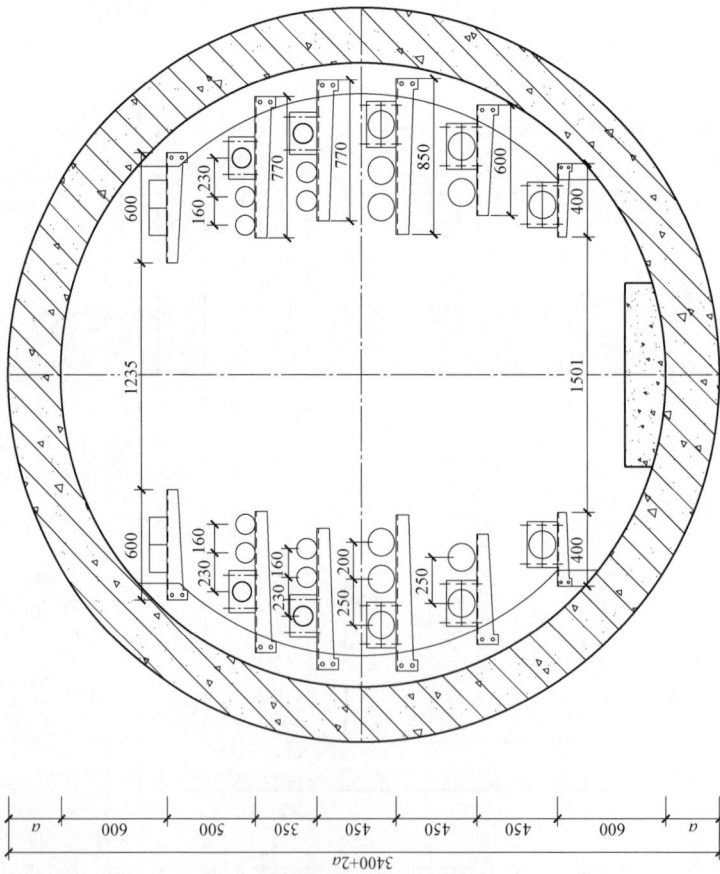

图 7.4-12　D（HN）-19-01　D（HN）-19 模块断面图

主 要 材 料 表

序号	名称	规格	单位	数量
1	混凝土	C40/C50	m³	3.67
2	钢筋	HPB300/HRB400	kg	513.8

说明: 1. 表中数据为每米用量。
　　　2. 钢筋用量为参考值, 实际使用应根据荷载计算确定。
　　　3. 参数释义: a—壁厚。
　　　4. 支架层间距应严格按图示执行, 过道净宽可依据工程实际调整,
　　　　 但不得小于规范值。

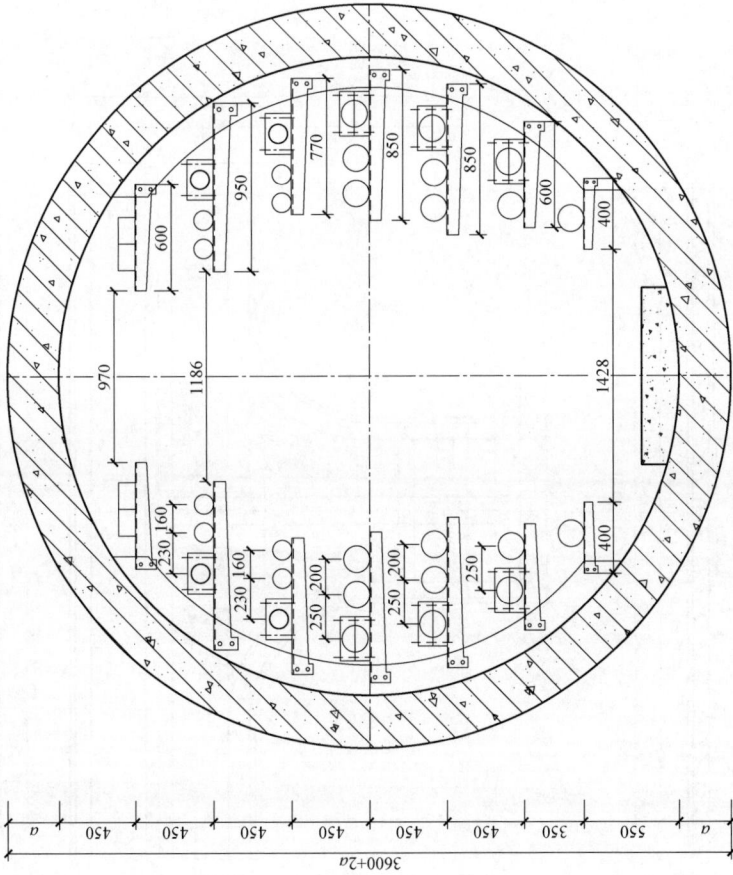

图 7.4-13　D (HN) -21-01　D (HN) -21 模块断面图

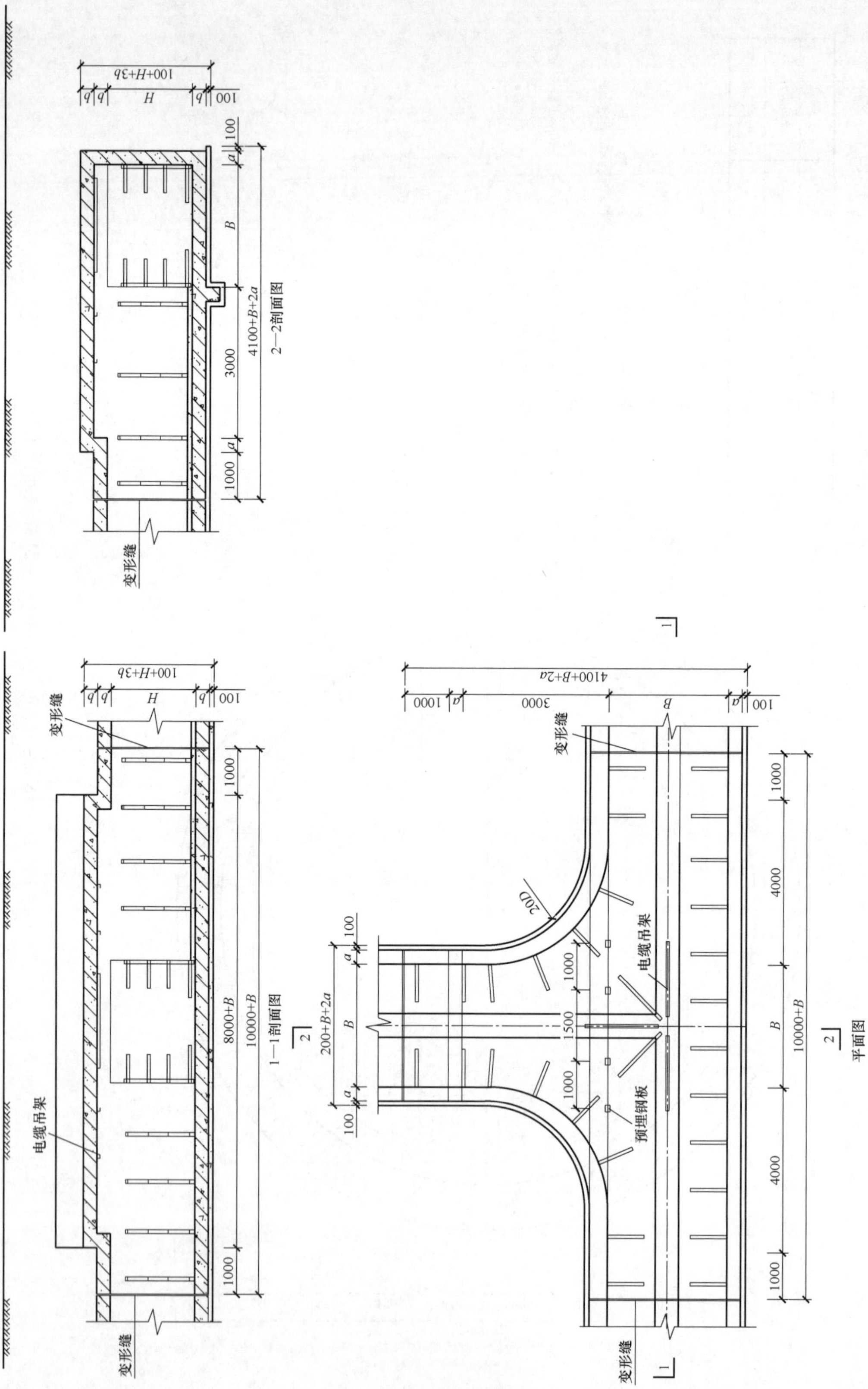

图 7.4-14　D（HN）-23　D（HN）-23-01　明挖隧道三通井节点图

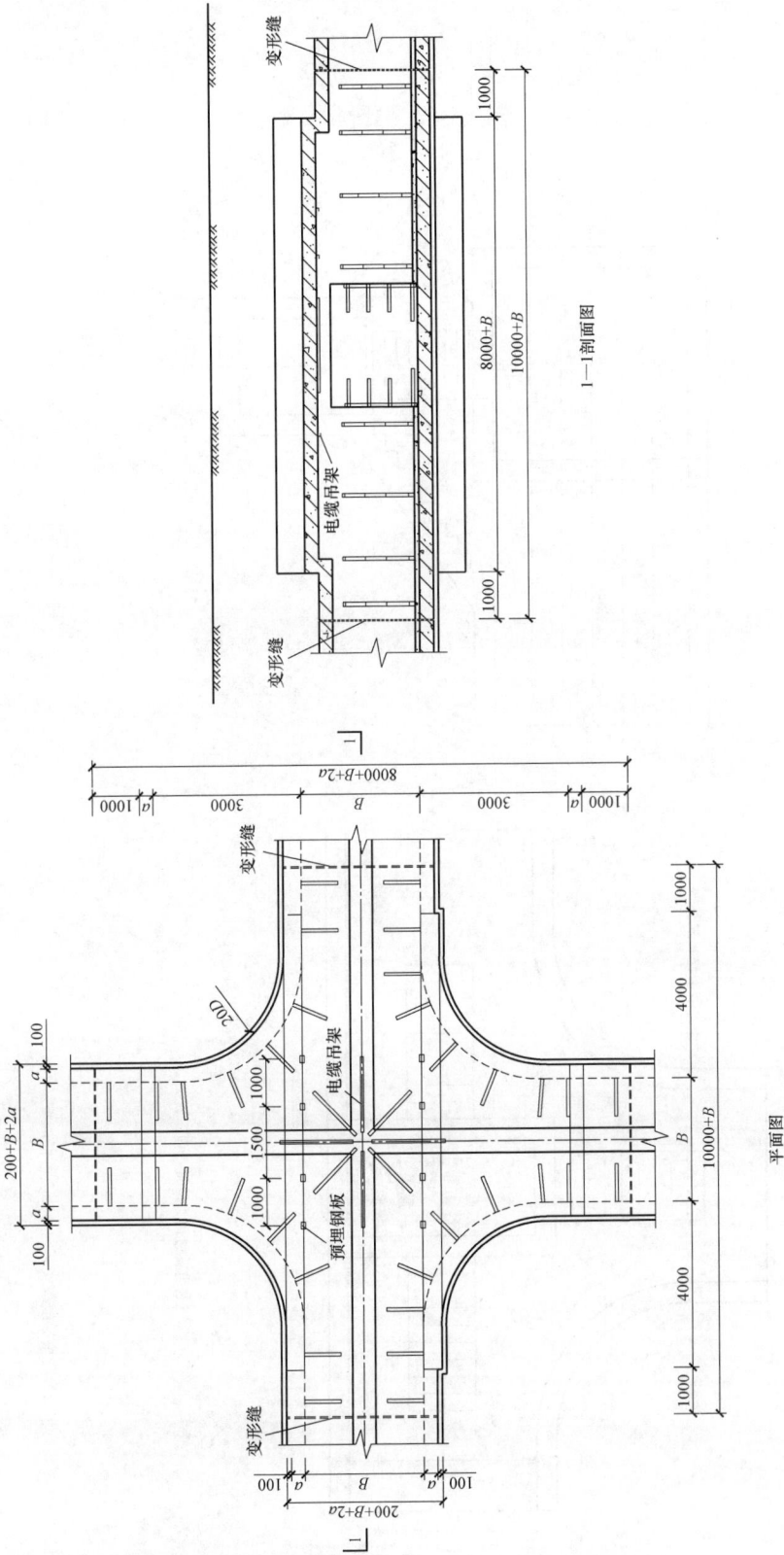

图 7.4-15　D（HN）-23-02　D（HN）-23 明挖隧道四通井节点图

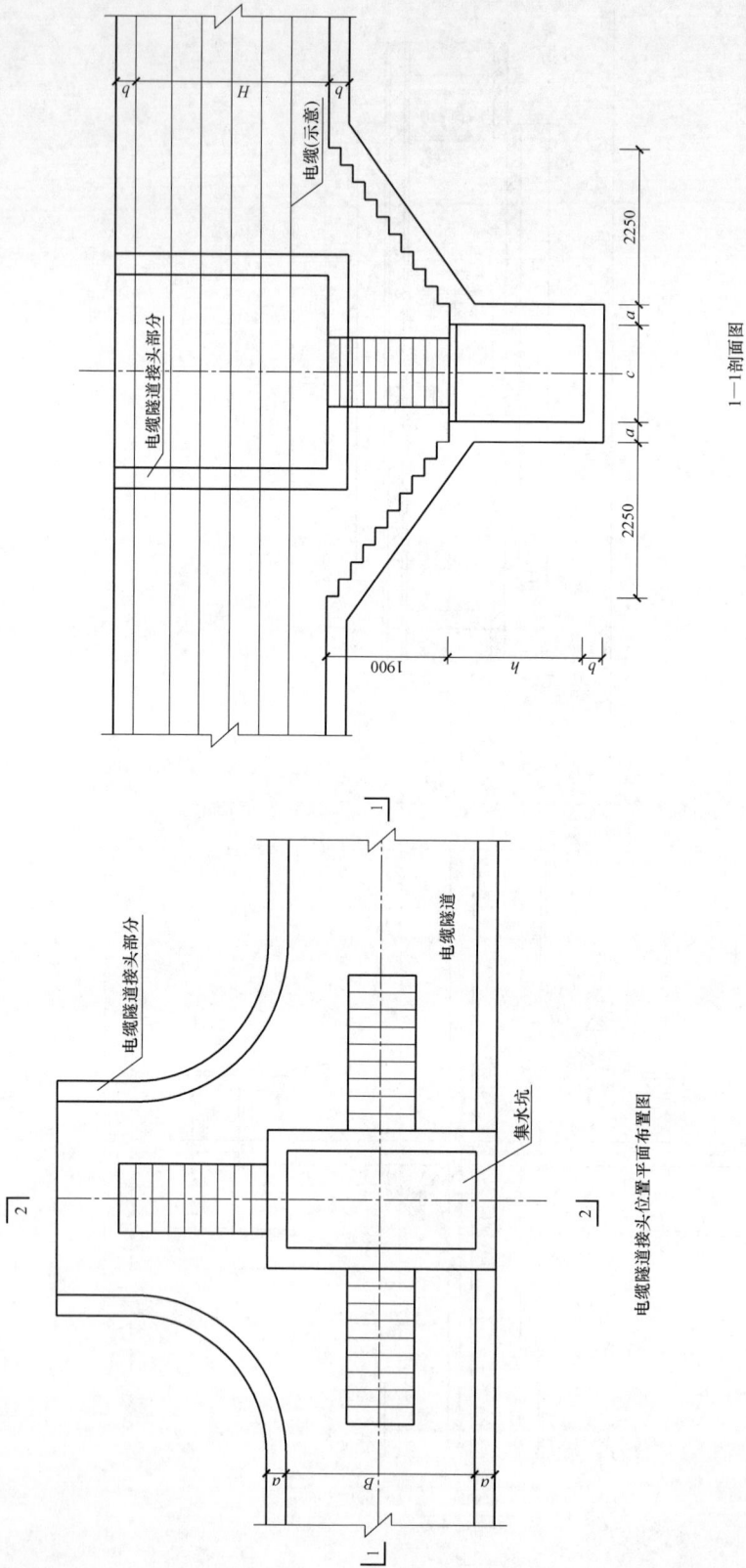

1—1 剖面图

电缆隧道接头位置平面布置图

图 7.4－16　D（HN）－23－03　D（HN）－23　明挖隧道三通井下沉结构图（一）

说明：下沉高度和长度可根据线缆实际转换情况进行调整。

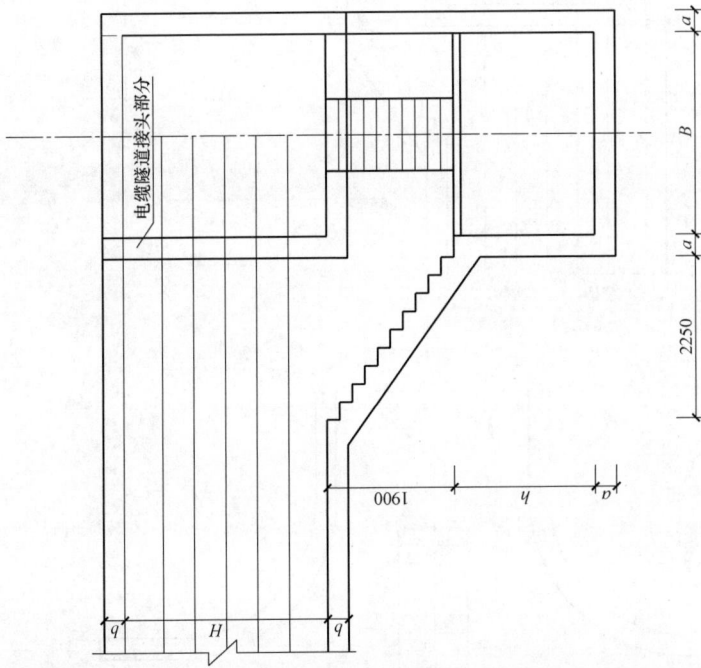

2—2剖面图

图 7.4-17 D（HN）-23-04 D（HN）-23 明挖隧道三通井下沉结构图（二）

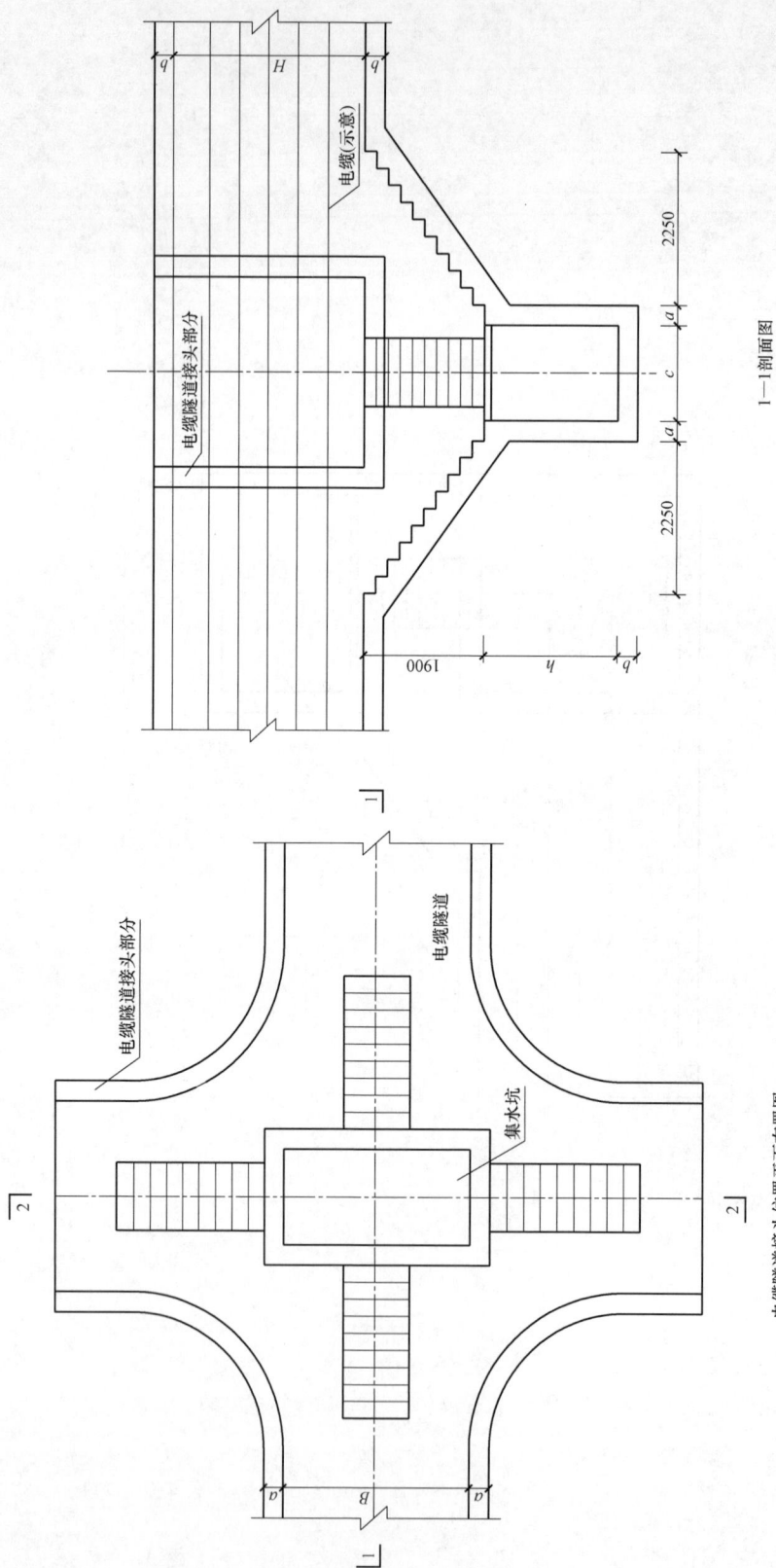

电缆隧道接头位置平面布置图

1—1剖面图

图 7.4-18　D（HN）-23-05　D（HN）-23 明挖隧道四通井下沉结构图（一）

说明：下沉高度和长度可根据线缆头实际转换情况进行调整。

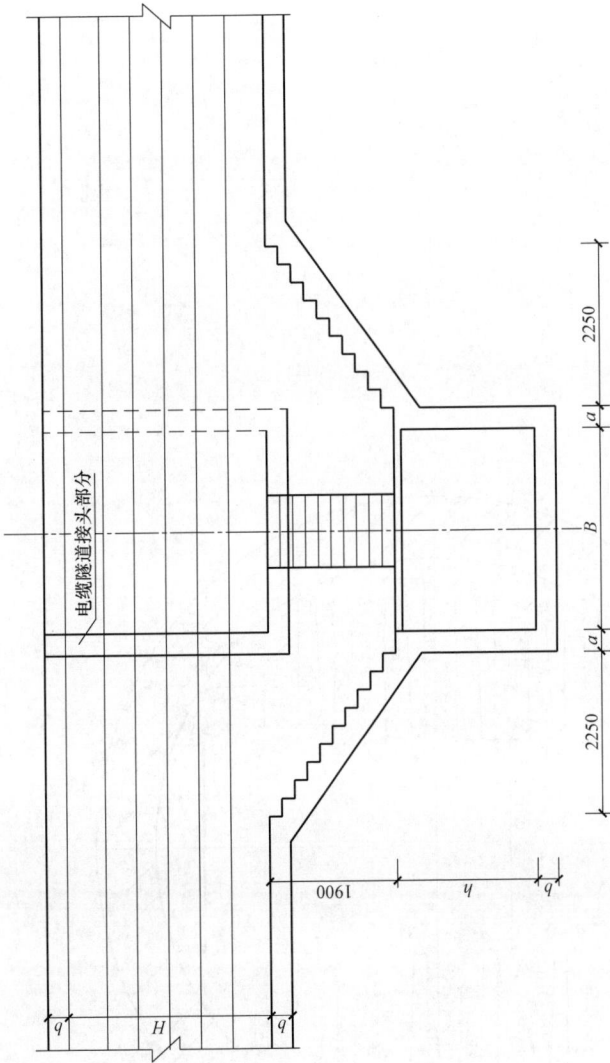

电缆隧道接头部分

2—2剖面图

图 7.4－19　D（HN）－23－06　D（HN）－23 明挖隧道四通井下沉结构图（二）

主 要 材 料 表

序号	名称	规格	单位	数量
1	混凝土	C50	m³	2.92
2	钢筋	HPB300/HRB400	kg	408.8

说明：1. 表中数据为每米用量。
2. 钢筋用量为参考值，实际使用应根据荷载计算确定。
3. 参数释义：a—壁厚。
4. 支架层间距应严格按图示执行，过道净宽可依据工程实际调整，但不得小于规范值。

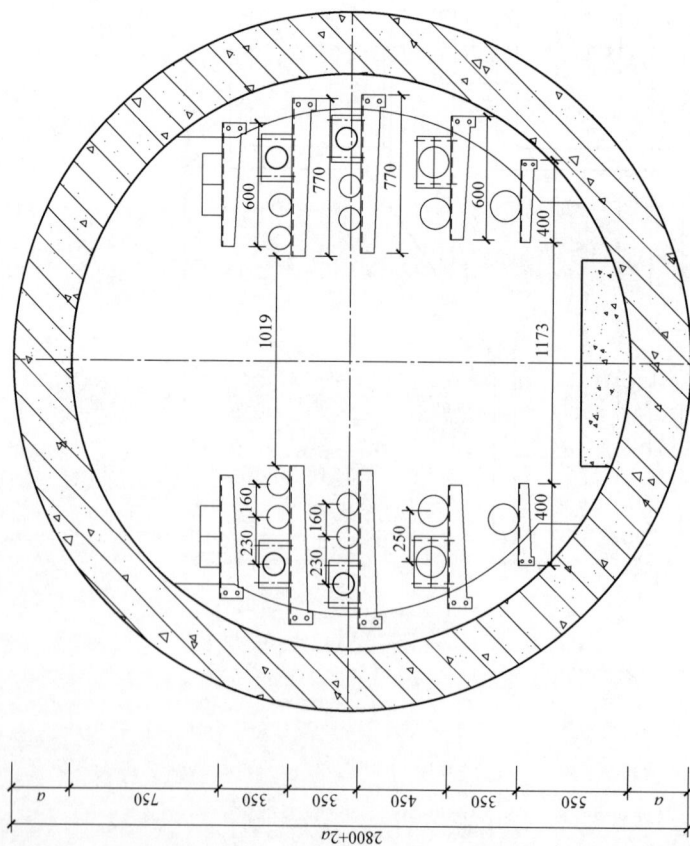

图 7.4-20　D（HN）-24-01　D（HN）-24 模块断面图

主 要 材 料 表

序号	名称	规格	单位	数量
1	混凝土	C50	m³	3.30
2	钢筋	HPB300/HRB400	kg	462.0

说明：1. 表中数据为每米用量。
　　　2. 钢筋用量为参考值，实际使用应根据荷载计算确定。
　　　3. 参数释义：a—壁厚。
　　　4. 支架层间距应严格按图示执行，过道净宽可依据工程实际调整，但不得小于规范值。

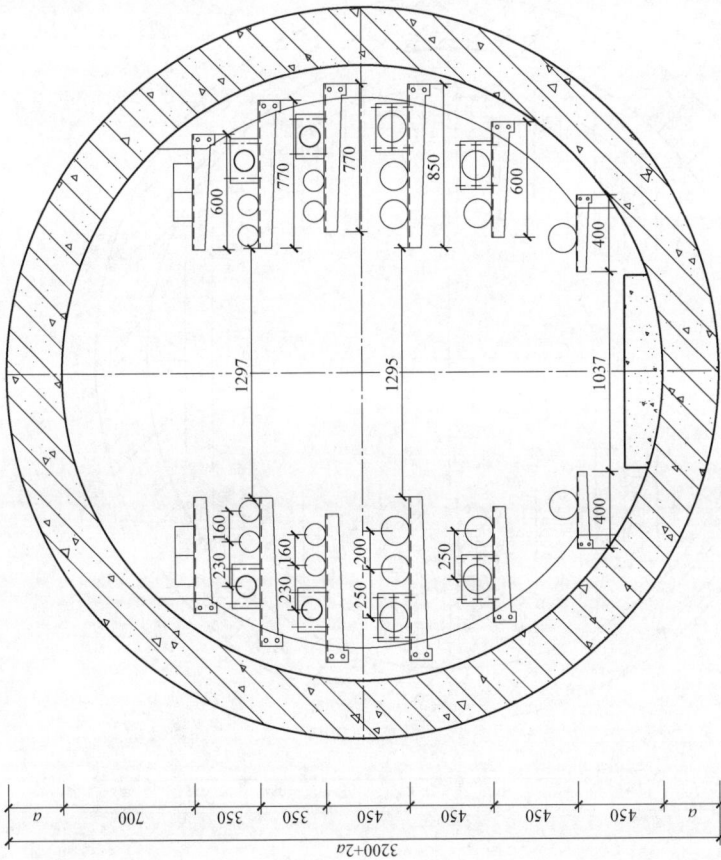

图 7.4-21　D（HN）-25-01　D（HN）-25 模块断面图

主 要 材 料 表

序号	名称	规格	单位	数量
1	混凝土	C50	m³	3.58
2	钢筋	HPB300/HRB400	kg	501.2

说明：1. 表中数据为每米用量。
2. 钢筋用量为参考值，实际使用应根据荷载计算确定。
3. 参数释义：a—壁厚。
4. 支架层间距应严格按图示执行，过道净宽可依据工程实际调整，但不得小于规范值。

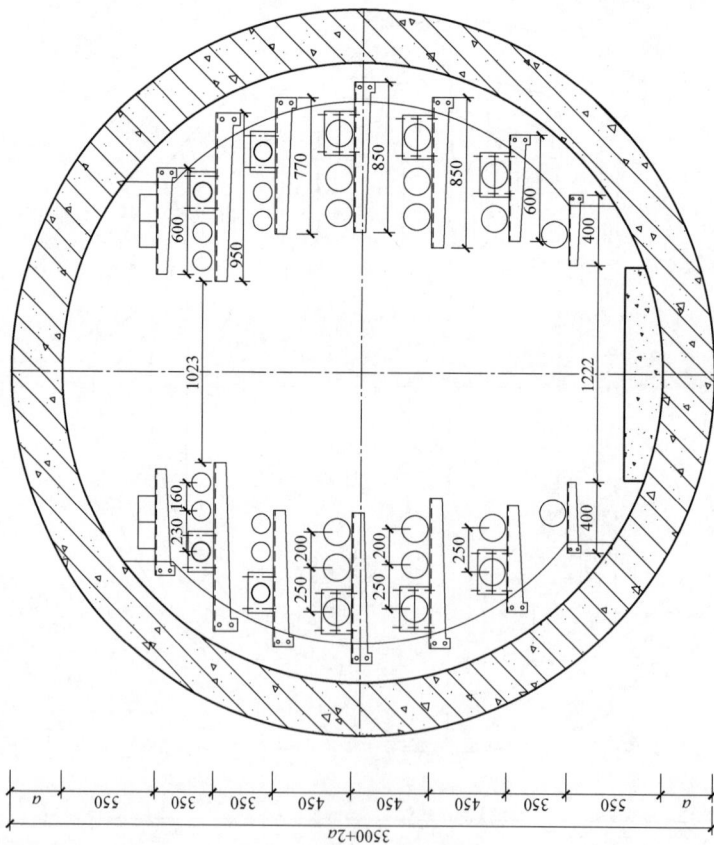

图 7.4-22 D（HN）-26-01 D（HN）-26 模块断面图

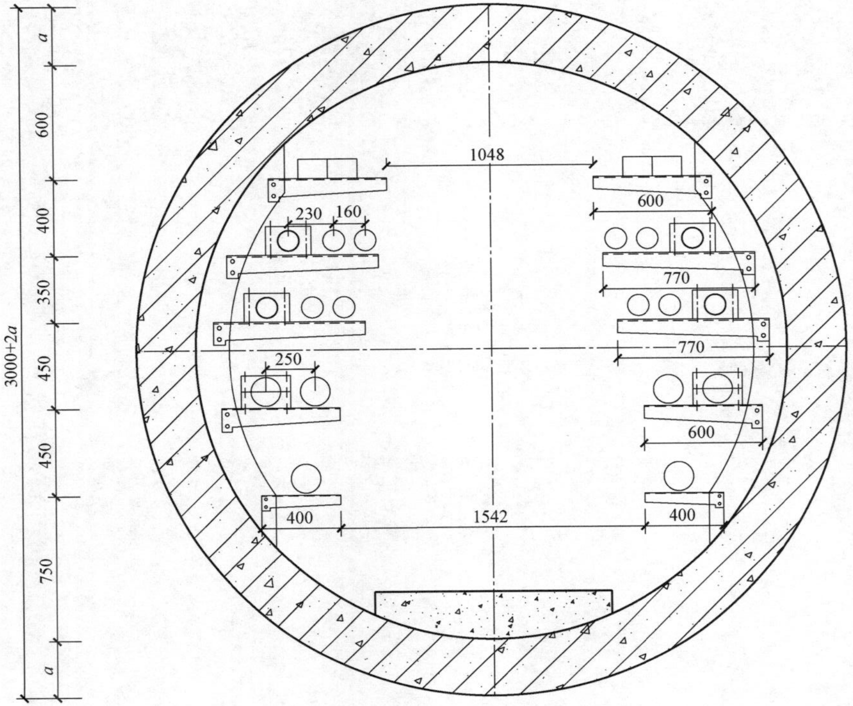

主 要 材 料 表

序号	名称	规格	单位	数量
1	混凝土	C40/C50	m³	3.10
2	钢筋	HPB300/HRB400	kg	434.0

说明：1. 表中数据为每米用量。
　　　2. 钢筋用量为参考值，实际使用应根据荷载计算确定。
　　　3. 参数释义：a—壁厚。
　　　4. 支架层间距应严格按图示执行，过道净宽可依据工程实
　　　　 际调整，但不得小于规范值。

图 7.4－23　D（HN）－27－01　D（HN）－27 模块断面图

第8章　电缆隧道附属设施

8.1　概　　述

本章为电缆隧道附属设施设计，参考国家电网有限公司现行通用设计原则和方法，结合湖南电网特点和 110kV、220kV 电缆线路设计及建设情况，本章主要对在线监测、通信与安全防护、电缆试验以及电缆隧道附属设施（供配电、照明、接地、通风、排水、消防）等提出设计原则。

8.2　高压电缆、高压电缆通道分级

高压电缆共分为三个级别。

一级高压电缆：330kV 及以上高压电缆线路；政治供电保障特级和一级客户直供线路所涉及的 110kV（66kV）及以上高压电缆线路。

二级高压电缆：政治供电保障特级和一级客户相关线路所涉及的 110kV（66kV）及以上高压电缆线路。

三级高压电缆：剩余 110kV（66kV）及以上高压电缆线路。

高压电缆通道共分为三个级别，一级对应重要高压电缆通道，二、三级对应一般高压电缆通道。

一级高压电缆通道：① 正常方式下，因通道原因可造成 4 级及以上电网事件的高压电缆通道；② 正常方式下，因通道原因可造成 1 座及以上 220kV 及以上变电站全停的高压电缆通道，或造成 3 座及以上 110kV 变电站全停的高压电缆通道；③ 一级高压电缆线路所在通道。

二级高压电缆通道：正常方式下，因通道原因可造成 2 座及以下 110kV 变电站全停的高压电缆通道；二级高压电缆线路所在通道。

三级高压电缆通道：剩余高压电缆通道。

8.3　在　线　监　测

电力电缆隧道在线监测系统能有效减少或避免电缆火灾事故、电缆本体故障、隧道入侵等事故的发生，保障运行人员的人身安全，支撑电缆安全运行。

8.3.1 环境监测装置配置原则

参照《国网运检部关于加强隧道内电缆本体及环境监测装置管理工作的通知》（运检
二〔2017〕105 号）和《隧道内电力电缆本体及环境监测配置技术原则》（Q/GDW 12066—
2020）等文件的要求，结合湖南省实际情况，对于不同等级隧道内环境监测设备的配置
可参考表 8.3 – 1，最终配置方案以评审单位的意见为准。

表 8.3 – 1　　　　　　　　　　　隧道内环境监测设备配置表

设备配置	一级电力隧道	二级电力隧道	三级电力隧道
测温系统	●	●	●
火灾报警	●	●	●
重点区自动灭火	●	●	●
水位监测	●	●	○
自动排水	●	●	●
有毒有害气体监测	●	●	●
通风系统	●	●	●
双层防盗井盖或一体化远程控制防盗井盖	●	●	●
视频监控	●	●	●
无线通信	●	○	—
智能巡检机器人	○	○	—
防外破和沉降监测	○	○	—

长度达到 1km 及以上的一级电力隧道应安装智能巡检机器人。

注　●指应安装；○指可选择安装；—指无特殊情况时不安装。

8.3.2 电缆本体监测装置配置原则

参照《国网运检部关于加强隧道内电缆本体及环境监测装置管理工作的通知》（运检
二〔2017〕105 号）和《隧道内电力电缆本体及环境监测配置技术原则》（Q/GDW 12066—
2020）等文件的要求，结合湖南省实际情况，对于不同等级隧道内高压电缆监测装置的
配置见表 8.3 – 2，最终配置方案以评审单位的意见为准。

表 8.3 – 2　　　　　　　　　　隧道内高压电缆监测装置配置表

监测装置	局部放电在线监测系统	分布式光纤测温系统	护层接地电流检测系统	分布式电缆故障定位装置
隧道内的 330kV 及以上高压电缆	●	●	●	○
一级电力电缆隧道内的 220kV 高压电缆	○	●	●	○
一级电力电缆隧道内的 110（66）kV 及以上高压电缆	—	●	●	○
二级电力电缆隧道内的 110（66）kV 及以上高压电缆	—	●	●	○
三级电力电缆隧道内的 110kV 及以上高压电缆	—	○	○	○

注　1. ●指应安装；○指可选择安装；—指无特殊情况时不安装。
　　2. 综合管廊电力舱内的电力电缆应按上述原则执行。

　　隧道内电缆本体及环境监测装置的监测数据按照配置原则中的规定通过隧道内光纤接至就近的变电站接入内网，数据接入及功能与省级管控平台建设工作衔接。综合管廊电力舱内监测数据需传输到线路运行部门监控平台。

8.3.3　在线监测装置的一般要求

　　电缆隧道在线监测，应满足以下要求：

　　（1）分布式光纤测温的功能和性能应符合《电力电缆线路分布式测温系统技术规范》（Q/GDW 1814—2013）的规定。

　　（2）局部放电在线监测装置、接地电流在线监测装置、水位在线监测装置、气体在线监测装置、视频检测装置等设备的功能和性能应符合《电力电缆及通道在线监测装置技术规范》（Q/GDW 11455—2024）的规定。

　　（3）监测装置的设计应充分考虑其工作条件，要求能在正常或特殊工作条件下长期可靠工作，年平均无故障工作时间应不低于 8322h，年平均数据缺失率应不大于 0.5%。在线监测装置需有相应资质的正规检测机构出具的型式试验报告。

　　（4）在线监测不应改变电缆线路的连接方式、密封性能、绝缘性能及电气完整性，不应影响现场其他设备的安全运行。当被监测部位电流或电压异常时，在线监测装置应能正常工作。监测装置外壳感应电压限制值不大于 150V。当监测装置在监测过程中出现异常或损坏时，不应对被监测部位及周围设备造成损坏。

8.3.4   电缆本体监测装置的技术要求

8.3.4.1   护层接地电流监测系统

监测装置安装于每回电缆的中间接头位置和电缆终端位置，布置于直接接地箱或交叉互联接地箱旁边，每套监测装置可以分别监测三相电缆的金属护层接地电流，实时数据通过网络传输至监控中心。电缆隧道环流、局部放电系统见图 8.3－1。

护层接地电流监测系统按以下原则配置：

（1）原则上每只接地箱处配置 1 套护层接地电流采集器，护层接地电流采集器与护层接地电流传感器宜按 1:4（含总接地）配置，可选配电缆本体工作电流监测传感器。

（2）保护接地箱可配置护层接地电压采集器与护层接地电压传感器。

（3）护层接地电流采集器应配置防护箱，箱体要求采用较高防护性能材料，如铸铝、不锈钢等材质，防护等级达到 IP68 或以上。

（4）护层接地电流监测系统支持多种供电方式，如市电、CT 取电或太阳能供电多种方式可选。

（5）应在护层接地电流采集器防护箱内集成通信模块，支持以太网或 4G/5G 等通信方式。

（6）宜具有护层电流暂态录波实时展示功能。当电缆发生击穿、短路等故障导致接地电流瞬间超限等情况时，系统应将超限信号锁定并上传。

（7）护层接地电流监测系统的功能要求及技术要求应符合《高压电缆接地电流在线监测系统技术规范》（DL/T 2270—2021）第 6 章的规定。

电缆护套环流监测系统安装示意图见图 8.3－2。

8.3.4.2   分布式光纤电缆测温系统

电力电缆线路分布式光纤测温系统是利用沿电缆线路设置的测温光缆作为传感器，采用光时域反射（OTDR）或光频域反射（OFDR）技术对电缆线路的运行温度实时监测的系统。一般由测温光缆、测温主机及监测计算软件等组成，采用分布式光纤测温系统（DTS）实时监测电缆的全程表面温度，根据电缆的实际电流、电缆本体温度等信息，利用载流量分析软件对电缆的载流能力进行分析和预测，并在温度异常（包括温度过高、温升过快等）时发出报警，光缆全程进行温度探测，探测精度可根据需要人为设定。能对测量区域在长度上进行分区，对某些区域进行局部重点监测。光纤测温系统见图 8.3－3。

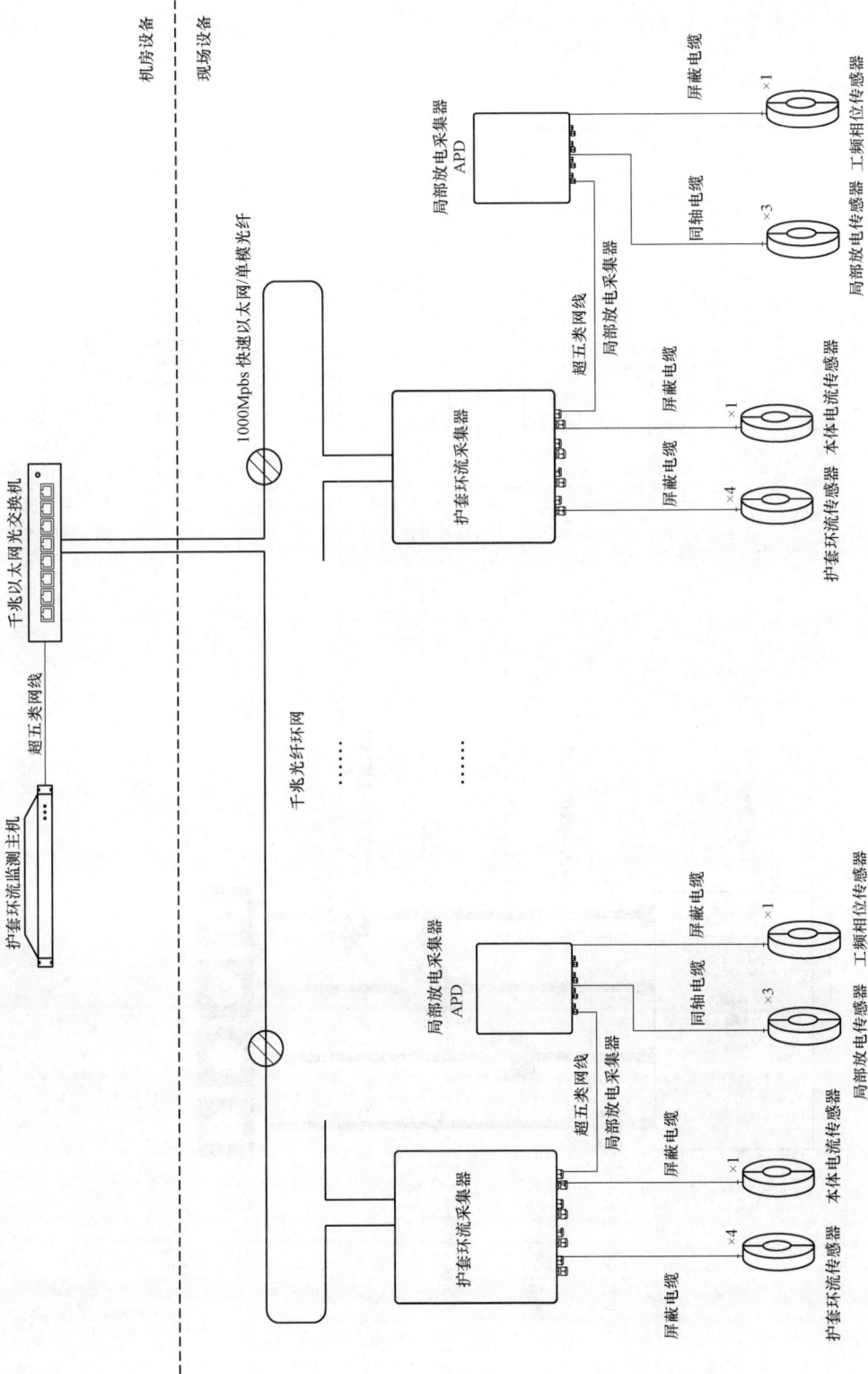

图 8.3-1　典型的电缆隧道环流、局部放电系统图

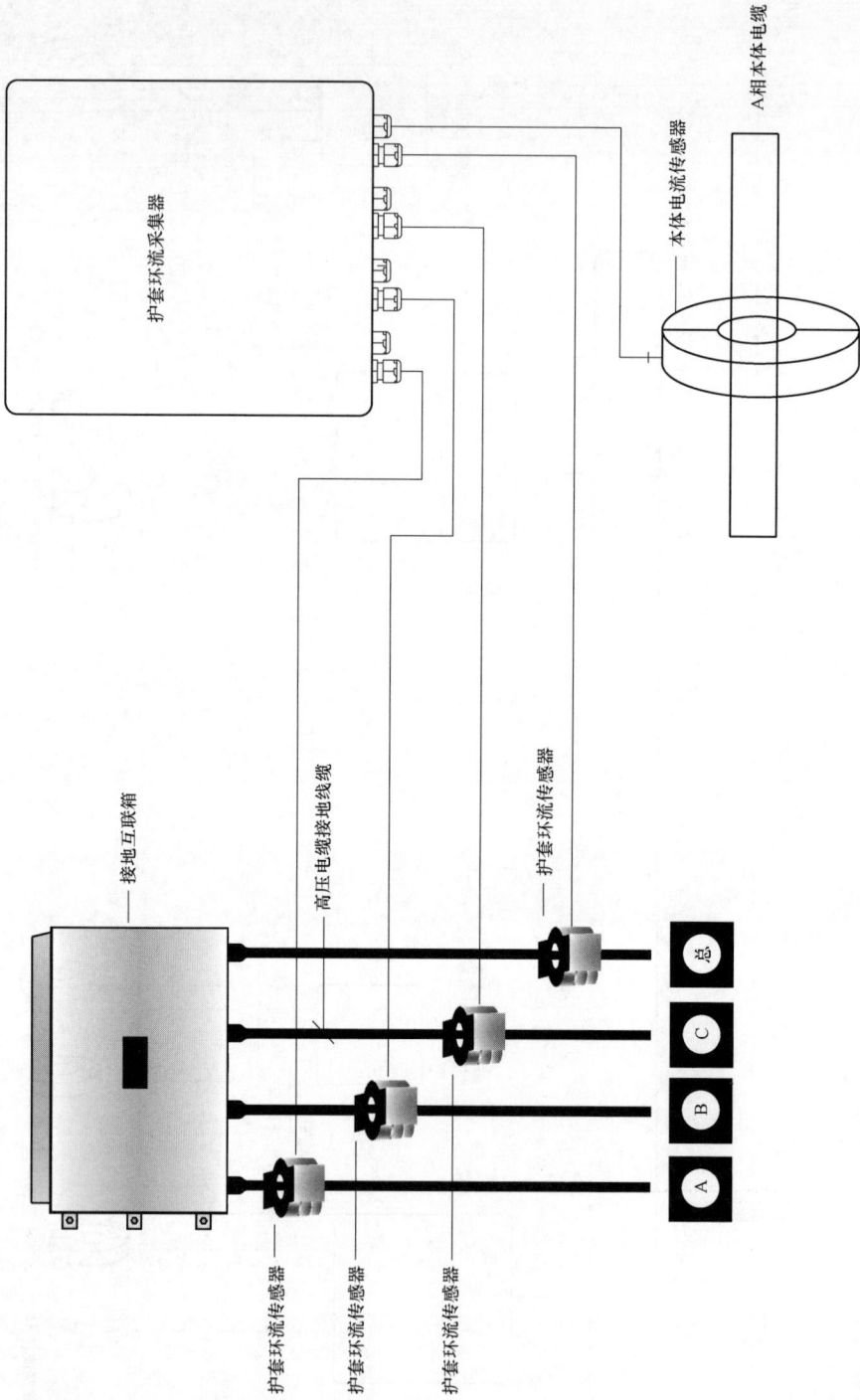

图 8.3－2　电缆护套环流监测系统安装示意图

光纤单双芯多模50/125，末端预留20m

光纤单双芯多模50/125，末端预留20m

光纤单双芯多模50/125，末端预留20m

机房设备

现场设备

分布式光纤测温主机

绝缘接头A相

绝缘接头B相

绝缘接头C相

单芯多模光纤

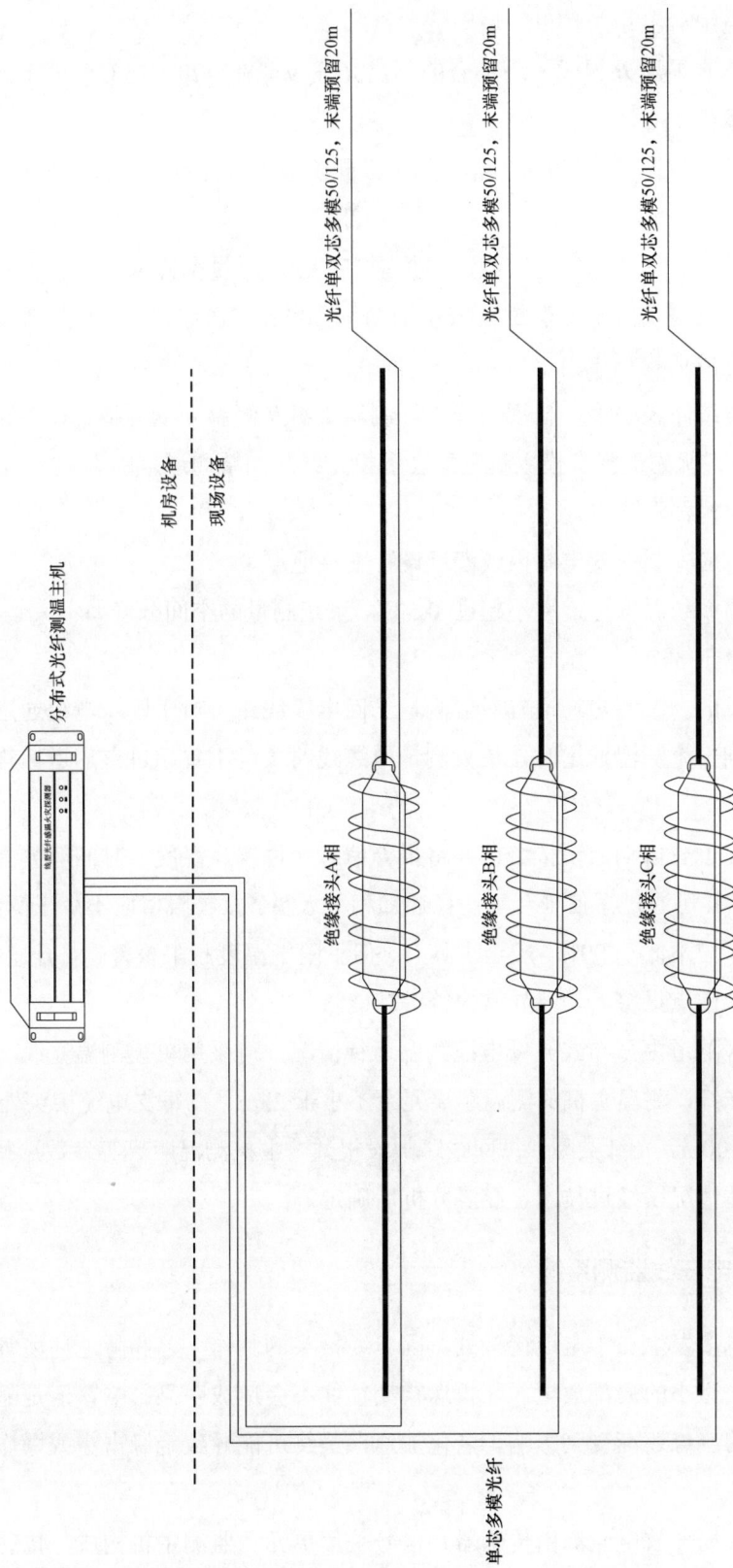

图 8.3－3 电力电缆光纤测温系统图

分布式光纤电缆测温系统按以下原则配置：

（1）测温光纤宜采用外置式，带护套的测温光缆应能在 −20～75℃温度下连续稳定测量，允许短时承受 150℃。

（2）每根电缆应敷设 1 根测温光纤，初步设计阶段测温光纤长度按电缆长度的 1.2 倍考虑。

（3）电力电缆接头部位光纤应密绕，与其紧密接触，尽量全覆盖。

（4）测温光缆余缆长度不少于 50m/km，宜每隔 500m 或在穿越不同区域处设置 1 个光缆余缆段并绑扎成环状牢靠固定。

（5）应根据电缆路径长度，合理选择光纤测温主机及测温光缆类型。在单通道不超过 10km 的情况下，优先选择多模主机及配套多模光纤。如单通道范围为 10～20km，可选用单模主机及单模测温光纤。

（6）测温主机应安装在变电站内或就近设置安装地点。

（7）光纤测温系统温度分辨率不超过 0.5℃，系统测量的空间分辨率不大于 0.5m，测温主机通道不少于 8 个。

（8）测温主机的一个测量通道宜对应测量一回电缆线路。对于同一电缆通道内的多回电缆线路共用同一个测温通道时，最大测量电缆线路长度不宜超过该通道标称测量距离的 3/4。

（9）异常情况下应自动启动报警，并将报警信息（位置、温度、时间等）上传至上级综合监控平台，并可通过短信平台等途径通知相关人员。报警限值应不少于两级设置，报警事件的准确率应不低于 99%。应至少具有、但不限于温度超限报警、温升速率报警、温差报警、温度异常点报警、功能异常报警等功能。

综合湖南地区隧道内分布式光纤电缆测温运行情况，可采用单模测温光缆，每相电缆敷设 1 根测温光纤，测温主机的测温距离冗余不小于 2km，在每支电缆接头处 V 型缠绕测温光缆 30～100m。光纤类型、每回线路敷设根数、主机测温距离等参数选择，应根据工程项目的具体情况，经过技术、经济分析后确定。

8.3.4.3 局部放电在线监测系统

电缆局部放电多发生在于电缆接头处，因电缆接头的制作工艺和隧道环境等影响，在接头中可能存在微小的局部放电，在投运初期往往不会造成明显影响，但是随着时间推移，放电部位的绝缘逐渐受到影响，老化加速，最终可能导致绝缘击穿或爆炸，引发事故。

高压电缆接头局部放电监测由传感器、信号采集单元、监测主机构成，传感器包括

HFCT、电容耦合传感器、工频相位传感器等。传感器置于电缆接头处，以电磁耦合的方式接收到局部放电时产生的电磁信号，这些信号通过同轴电缆传送到采集处理单元，经过放大、滤波和 AD 转换，转化为数字信号，实时数据通过网络传输至管理平台。局部放电监测系统安装示意图如图 8.3－4 所示。

局部放电在线监测系统按以下原则配置：

（1）局部放电在线监测装置宜布置在电缆终端或中间接头处，每套接地箱处配置 1 套局部放电采集器，局部放电采集器与局部放电传感器按 1:3 配置，工频相位传感器与局部放电采集器按 1:1 配置。

（2）局部放电采集器应配置防护箱，箱体要求采用较高防护性能材料，如铸铝、不锈钢等材质，防护等级达到 IP68 或以上。

（3）局部放电监测系统供电方式优先选用市电专电，无法采用市电的情况下，可选用太阳能等供电方式。

（4）应在局部放电采集器防护箱内集成通信模块，支持以太网或 4G/5G 等通信方式。接入同一监测主机的信号采集单元应时钟同步，满足数据分析对比要求。

（5）局部放电在线监测系统的功能及技术要求应符合《高压电缆局部放电在线监测系统技术规范》（DL/T 2271—2021）第 6 章的规定。

8.3.5　电缆通道综合监测装置的技术要求

参考《隧道内电力电缆本体及环境监测配置技术原则》（Q/GDW 12066—2020）、《电力电缆隧道监测及通信系统设计技术导则》（Q/GDW 12080—2021）的要求，新建电缆隧道同步建设隧道监控系统，包括隧道环境监控、电缆本体监控、隧道通信系统等。典型的电缆隧道监测及通信系统总图如图 8.3－5 所示。

8.3.5.1　一般规定

隧道内环境监测装置应满足《电力电缆及通道在线监测装置技术规范》（Q/GDW 11455—2024）中相关要求。结合湖南地区电缆隧道运行情况，以及电缆运维部门的反馈，隧道内宜配置环境监控系统，采用在线实时监控模块，对电缆隧道集中监控。宜具有以下功能和性能要求：

（1）实时监测隧道环境温度、火灾监控和报警。

（2）可燃气体浓度、氧气浓度、有害气体浓度监测。

（3）实时监控电缆隧道内积水水位。

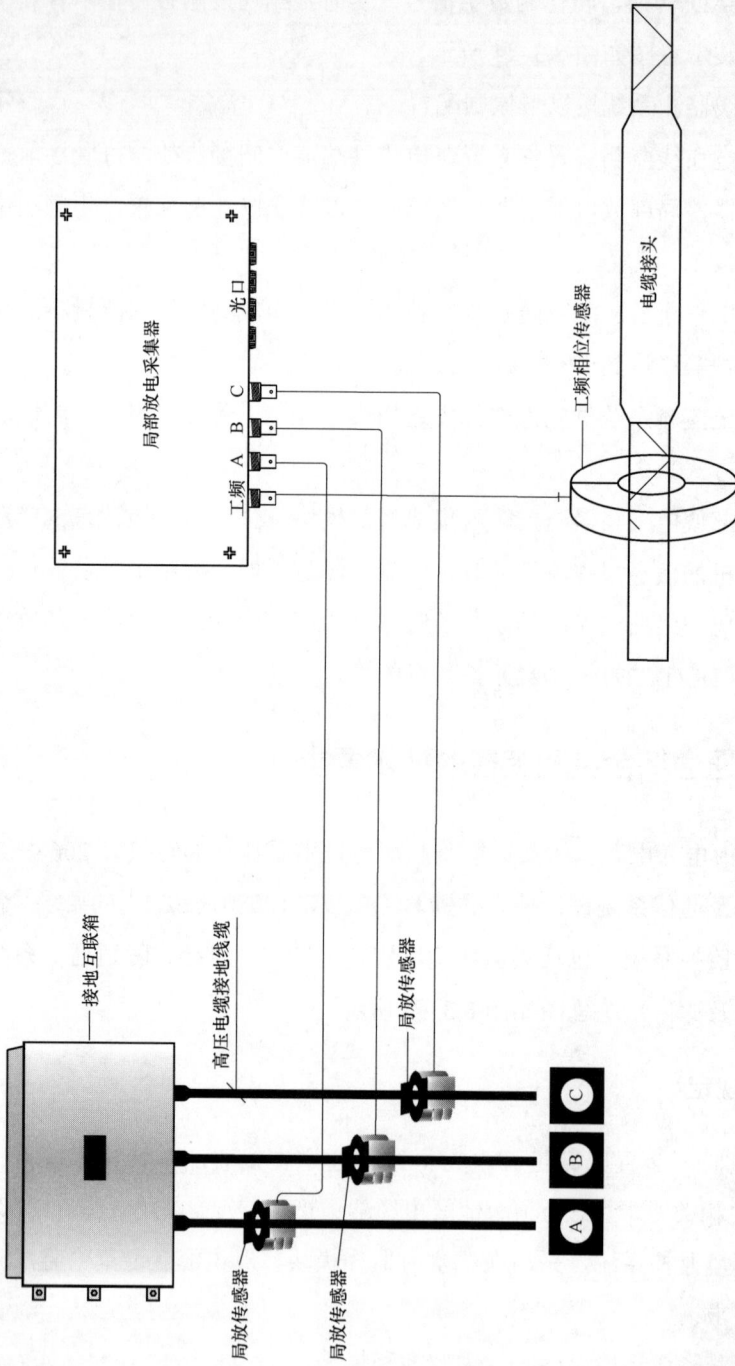

图 8.3－4　局部放电监测系统安装示意图

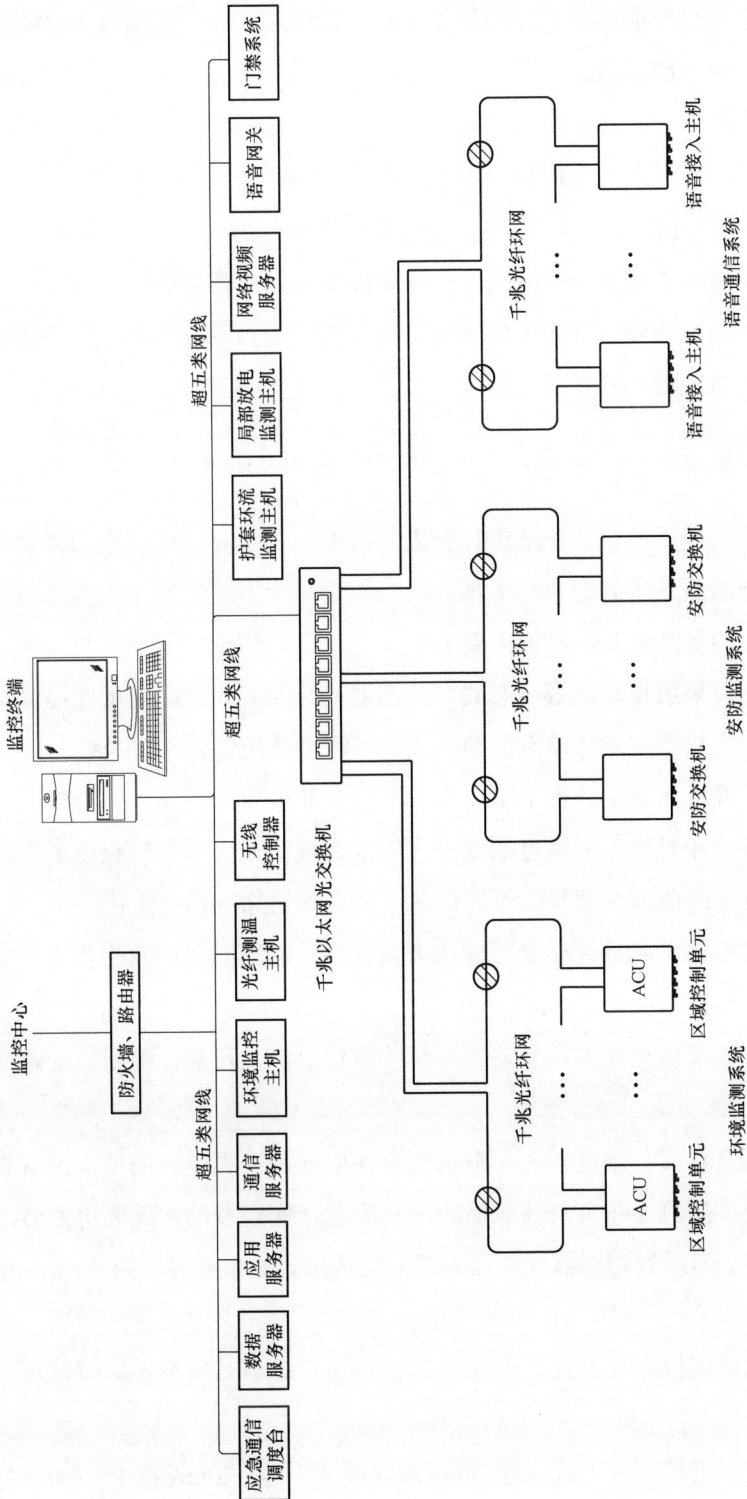

图 8.3－5　典型的电缆隧道监测及通信系统总图

127

（4）电缆井盖状态监测和远程开启。

（5）监控系统主机应能将处理过的数据上传至监控中心，通信系统应确保隧道内运维人员与监控中心及外部正常通信。

（6）充分考虑洪涝灾害对电网的影响，以及电缆运维部门反馈的情况，隧道内安装的监控设备、装置，推荐选用达到 IP68 防护标准的设备，具体的工程项目，应根据线路重要程度、水文地质、隧道出入口位置、标高等参数确定。

（7）按电力隧道每个防火分区配置 1 台区域控制单元（简称 ACU，下同），ACU 需集成采集、通信、控制功能。各分区内测温、水位监测及自动排水、有毒有害气体监测等子系统可通过 ACU 实现系统间联动。

8.3.5.2　测温系统

隧道环境温度对高压电缆的安全运行有重要的影响，也是隧道防火的重要监测物理量。隧道环境光纤测温系统如图 8.3－6 所示。

隧道内的环境测温监测宜满足如下要求：

（1）温度监测可采用传感器或分布式光纤测温，分布式光纤测温的测温光纤应沿隧道顶部全线敷设，宜与电缆本体监测的分布式光纤测温共用测温主机。

（2）传感器应设置在隧道的每个出入口（不包含井盖）。

（3）测温系统应能对由于电缆过热或外力因素造成的明火等各种火源而引起的隧道环境热量变化进行实时监测并预警，预警信息应能自动通知到相关人员。

（4）温度异常报警可联动视频监控确认火灾真伪、联动防火门及相关灭火装置以阻断火势蔓延。

（5）监测设备应覆盖全隧道，且兼备系统故障自检测，可对光缆断点故障快速检测和定位。

（6）隧道内温度较高、湿度较大、影响到设备运行和人员健康的重点区域设置温湿度监测装置。温湿度监测系统宜与通风系统统一配置，实现联动，重要电力隧道水位信息可传回监控主机。温湿度传感器安装在电缆隧道内部，安装高度宜为 90cm，采用壁挂式安装方式。

（7）如采用温湿度检测仪方式，应按 1 只/防火分区配置，根据实际情况可以在出入口等处加配。

（8）如采用温湿度检测仪方式，温湿度检测仪须输出 4～20mA 或 RS－485 信号接入ACU。

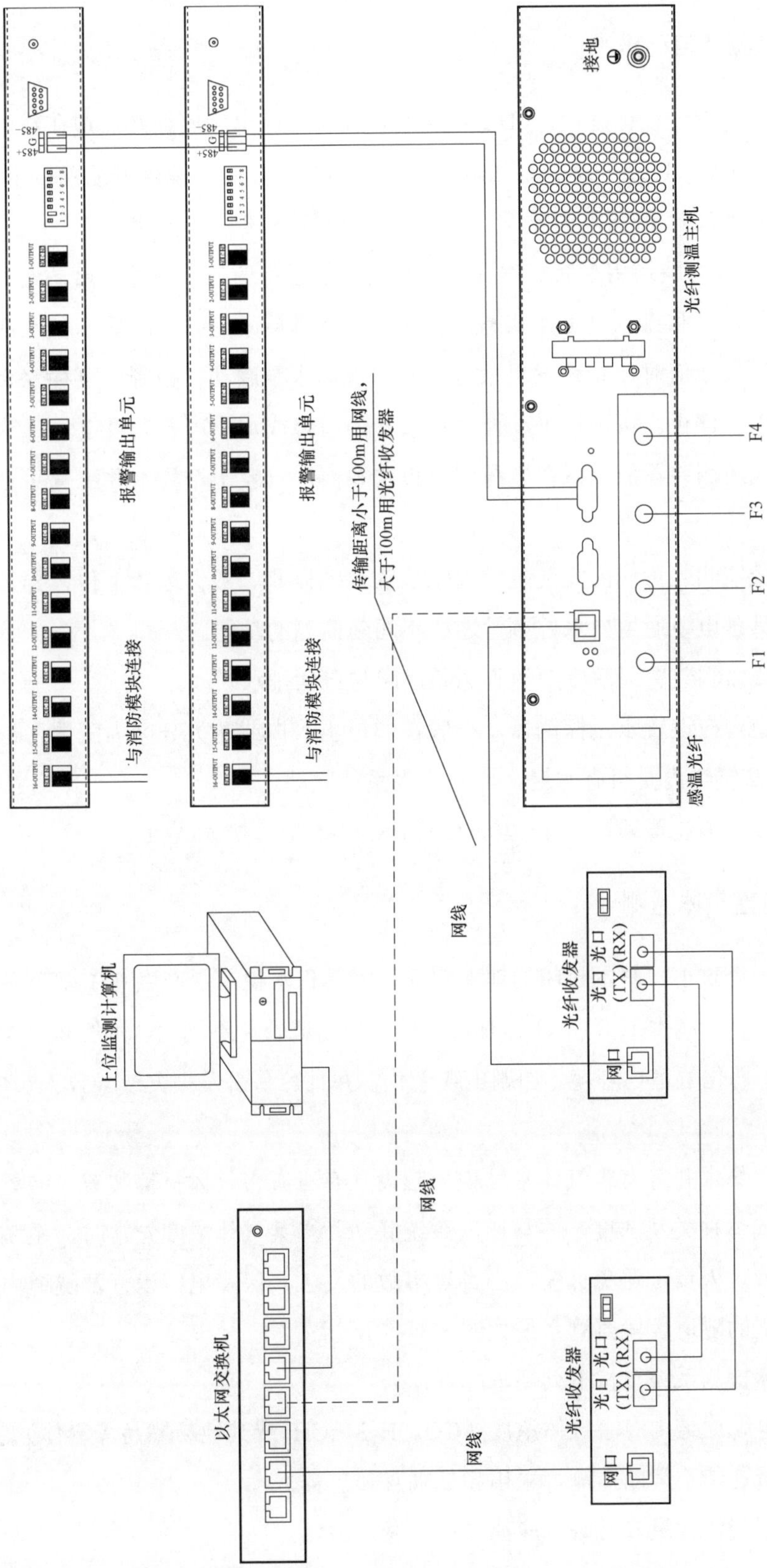

图 8.3－6　隧道环境光纤测温系统图

8.3.5.3　水位监测及自动排水

参照《电力电缆隧道设计规程》（DL/T 5484—2013）、《电力电缆及通道在线监测装置技术规范》（Q/GDW 11455—2024）、《隧道内电力电缆本体及环境监测配置技术原则》（Q/GDW 12066—2020）和《电力电缆隧道监测及通信系统设计技术导则》（Q/GDW 12080—2020）等，电力隧道内设有集水井，并对其水位进行监控，以适时启动或关闭排水泵，集水井水位信号和排水泵工作状态需要传达到管理展示层，实时显示积水深度。当水位达到或超过警戒值时，系统发出报警，并与现场水泵联动，控制水泵抽水直到水位恢复到警戒值以下停止。可远程手动控制水泵开闭，警戒水位可人为设定。

（1）水位在线监测装置应设置在电缆隧道集水井内，一般 1 个集水井配置 1 台水位在线监测装置。

（2）水位在线监测装置应能实现隧道内水位的自动监测、数据远程上传、异常状态报警等功能，应具备电缆通道内水位参量连续不间断监测的功能。

（3）水位在线监测装置灵敏度应达到 2cm，应与自动排水联动。

（4）电缆隧道内应设置水浸探测器，一般在隧道出入口或防火分区内配置，信号接入 ACU，用于检测隧道内是否有水浸，并与排水系统联动。

（5）水位在线监测装置须输出 4～20mA 或 RS-485 信号接入 ACU。

8.3.5.4　有毒有害气体监测

电缆隧道是一个狭小、基本封闭的地下空间，容易积水积污，产生 CH_4 等气体；内部敷设的电缆老化，会产生 H_2S、CO 等有毒气体。当通风条件不利时，可燃和有毒气体将在隧道内蓄积，恶化隧道内环境，加剧电缆老化，并且容易引发火灾或导致人员中毒、窒息。

在隧道入口、集水井等有害气体易堆积处应设立有毒有害气体报警装置，装置应能检测出有毒有害气体种类及浓度，并与通风系统联动。当某气体浓度异常时，系统自动发出报警，提示管理人员，避免火灾、中毒等事故的发生，保障电力运行及隧道内作业人员的安全。典型的隧道环境监测系统如图 8.3-7 所示。

有毒有害气体检测系统宜按下列要求配置：

（1）应实现电缆通道内有害气体浓度（CO、H_2S、CH_4 或其他易燃易爆气体）、空气含氧量等环境参量连续不间断监测，采用超低功耗传感器。

（2）当被监测气体含量异常时，应能自动报警。

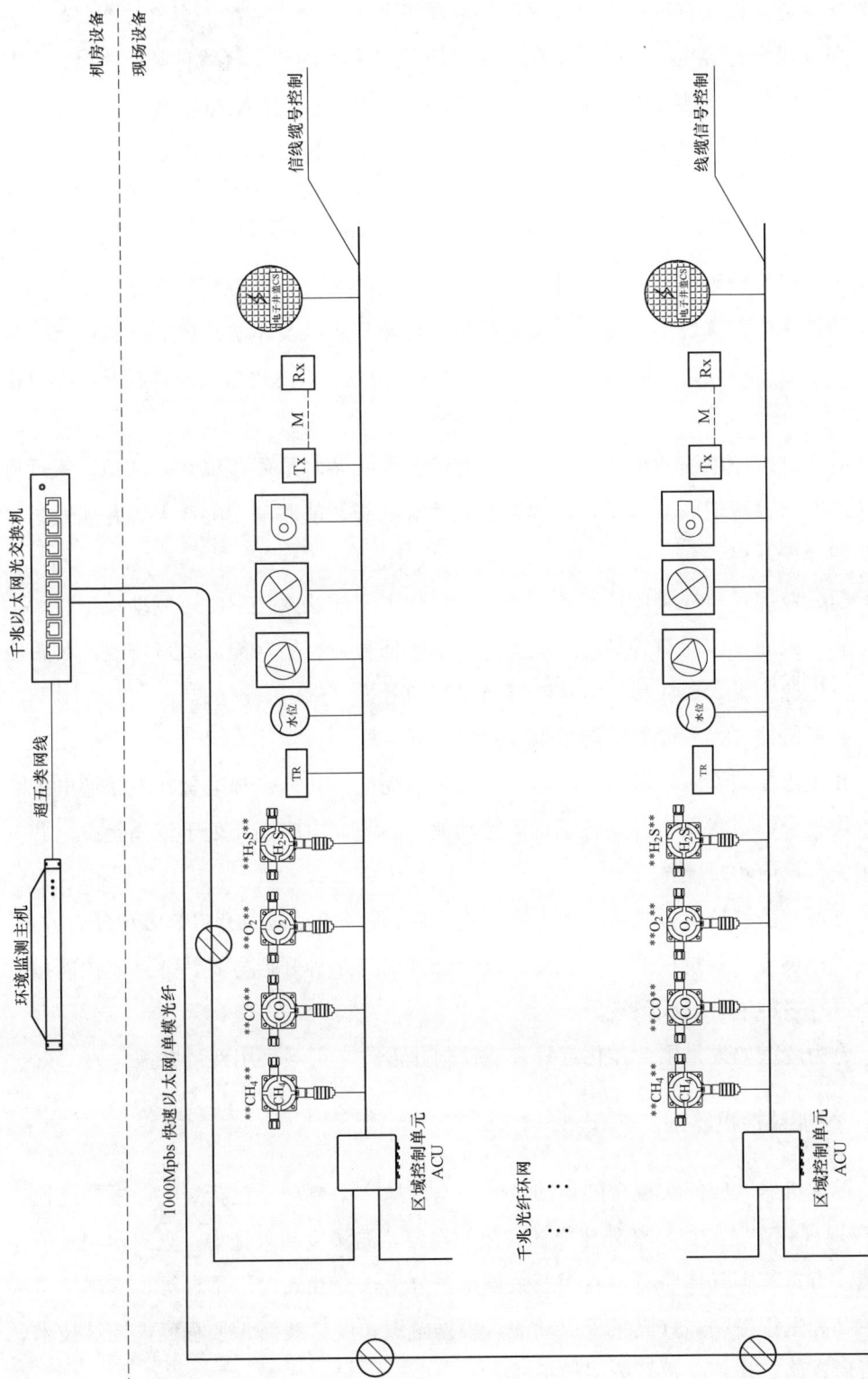

图 8.3-7 典型的隧道环境监测系统图

（3）在隧道内设立有毒有害气体报警装置，每个防火分区配置 1 套气体探测器，在隧道出入口及集水井等重点区域可加配，装置应能检测出毒有害气体种类及浓度，并与通风系统联动。气体探测器可输出 4～20mA 或 RS-485 信号接入 ACU。

（4）有毒有害气体检测范围应覆盖全隧道，检测数据传送至监控中心。

8.3.5.5　隧道出入口（井盖）监控

隧道出入口可设置门禁系统，井盖可加装井盖监控装置，监控信号应通过安全接入方式传至监控中心，实现电缆井盖的集中控制、远端开启以及非法开启报警等功能。

（1）门禁监控应设置在隧道每个出入口（不包含井盖），门禁监控应具有开门超时报警功能。

（2）应实时监控电缆通道井盖的状态，有源井盖具备本地硬接线智能联动、通过协议跨系统之间软件智能联动及平台远程遥控联动等三级智能联动功能；无源井盖通过电子钥匙实现授权开启。

（3）门禁监控宜与视频监控联动，当出入口出现"非法入侵"时可联动视频监控拍摄出入口实时画面。应能对各种异常状态发出报警信号，报警功能限值可修改，装置应对设备本身电源不足、损坏等异常状态发出报警信号。

（4）井盖监控装置应设置在隧道每个井口。

（5）井盖监控装置应具备耐火、防盗、防侵入功能。井盖锁控装置在系统通电或断电状态下均处于锁定状态，并具备手动解除功能。系统通电时系统处于工作状态，井盖开启后相关数据应实时上传。

（6）有源井盖锁控装置具备监控中心远程开启、现场手动应急开启等多种开启方式，无源井盖锁控装置具备授权开启、现场手动应急开启等多种开启方式，井盖监控能按时间、地点进行多种组合的权限设置。

（7）电力隧道如果采用一体化远程智能控制井盖时，可不采用双层井盖。

8.3.5.6　智能巡检机器人

智能巡检机器人应能实现全隧道的实时动态巡检。主要功能包括定时、遥控巡检，可见光/夜视视频实时监控，红外热成像与故障报警，温湿度超限报警，火灾检测及应急消防功能，有毒有害气体监测，监控及数据报表分析，交互式对讲平台等，应支持可视化就地控制和远程控制，宜具备灭火功能。根据隧道长度、线路重要程度，通过技术、经济分析后，确定是否配置智能巡检机器人。

智能巡检机器人按以下原则配置：

（1）智能巡检机器人一般按 1～2km 配置 1 台。

（2）智能巡检机器人轨道一般按隧道长度的 1.05 倍配置。

（3）隧道应该预留智能巡检机器人空间，实际净空不小于 500mm×（600～700mm）（宽×高）。

（4）智能巡检机器人系统应配置无线充电桩，一般每个巡检区间配置 2 套无线充电桩。

（5）智能巡检机器人系统应配置巡检机器人防火门控制器，实现防火门穿越功能，系统通过控制防火门的自动开闭，可实现安全、正常穿越防火门，进入下一个区间进行作业；为防止火灾时烟气的渗透、火势的蔓延，当机器人穿越防火门后，控制防火门恢复原来的状态。

（6）智能巡检机器人系统宜包含无线基站（AP），一般按 70m/台配置，在拐弯或容易遮挡处适当加配，后台配置无线控制器（AC），单台 AC 最多可管理 256 个 AP。也可采用基于智能光缆的无线通信系统。

（7）智能巡检机器人系统需配置智能巡检机器人监控平台软件，支持与其他子系统进行联动。

（8）应具备自主导航定位与初步避障功能，能实时定位并按照预先设定路线自主进、在线避障和停靠，在行进出现偏差时能自主纠正。

8.3.5.7　隧道沉降监测

如隧道与轨道交通隧道或地下构筑物等产生交叉、穿越等，隧道建设初期，隧道内相关区域及其他重点区域应安装沉降检测系统。隧道投入运行后，必要时可增设沉降检测系统。

（1）沉降监测装置宜设置在深回填区域、与其他隧道或地下构筑物产生交叉穿越处等存在沉降风险的重点区域。

（2）沉降监测应能够对隧道廊体结构位移、结构沉降等因素进行监测，及时了解隧道变形速率和变形趋势。

（3）沉降监测系统可选用分布式光纤沉降监测、静力水准仪等方式，前者探测光纤长度按隧道长度的 1.2 倍配置，后者一般按 30～50m 布置 1 台静力水准仪。

8.3.5.8　视频监控

视频监测系统应对电缆通道附近有机械施工外破隐患的区域、电缆隧道出入口、隧道内重要设备和设施进行实时图像监视，实现在监控中心可全方位掌控电缆隧道内设备的运行、安防、消防等实时情况的功能。典型的隧道视频监控系统如图 8.3－8 所示。

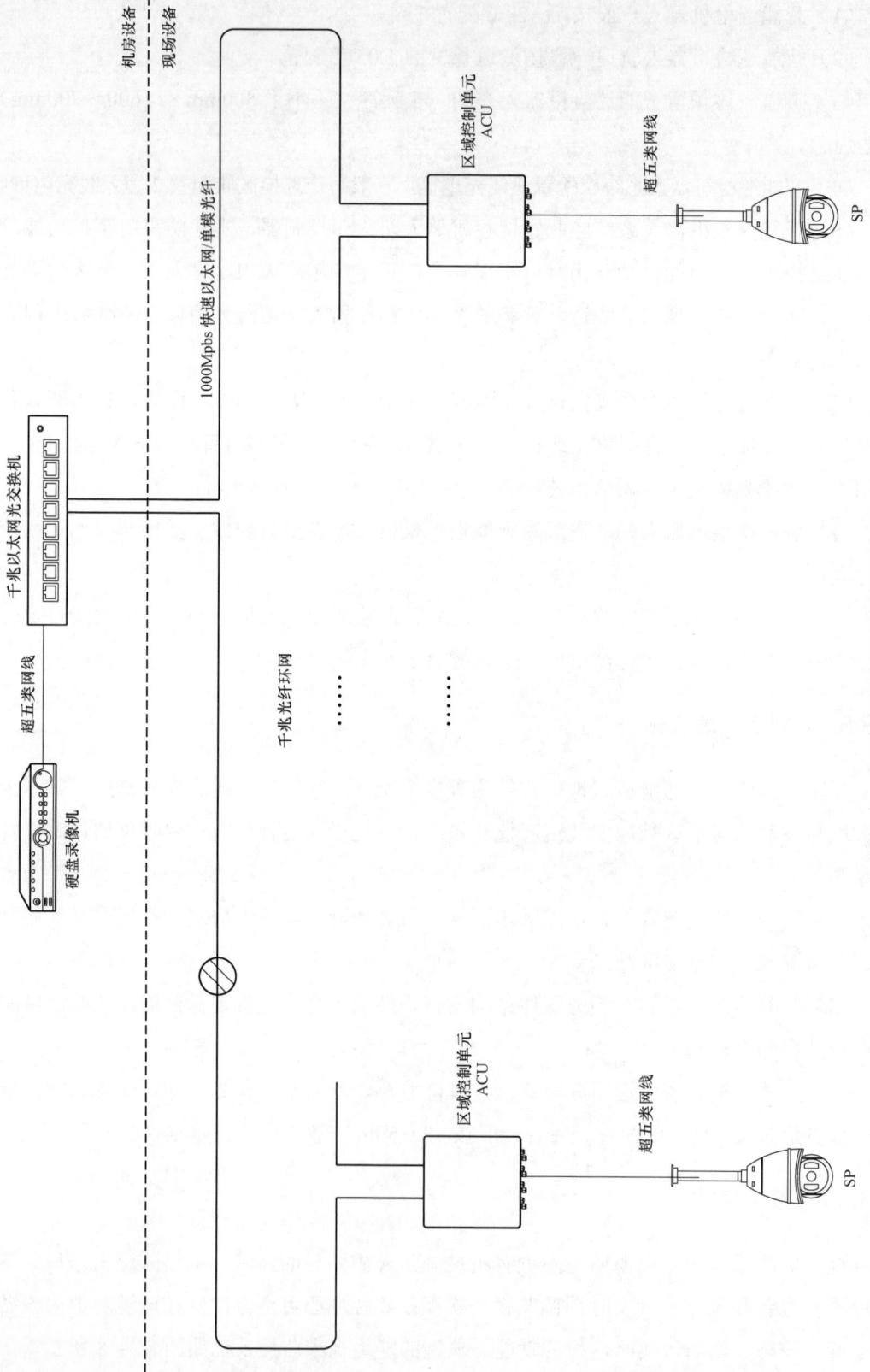

图 8.3－8　典型的隧道视频监控系统图

视频监测系统应实现与门禁系统、火灾报警联动。摄像机的安装位置应减少和避免图像出现逆光，并能清楚显示出入监控区域人员面部特征等。应具备至少 3 个月的数据储存能力。

视频装置一般性功能要求为：

（1）应具备对线路本体、通道状况等对象的视频采集、编码、存储、传输、显示功能，并支持视频探头的远程和现场的控制。

（2）视频监控软件能设置视频通道、视频图像分辨率、视频帧速率、比特率、关键帧间隔、视频图像色度、灰度、对比度以及亮度参数，并给定码流上限情况下的视频图像质量。

（3）视频字幕叠加应统一格式，至少包含位置信息、时间信息和可控标识。

（4）应具备受控采集方式，并能响应远程指令启动采集。

（5）应具备网络对时功能，内部时钟 24h 内走时误差应小于 1s。

（6）摄像机配置一般按 2 台/分区考虑，在拐弯或出入口等重点区域可根据实际情况进行加配，隧道内集水井区域应实现监控全覆盖，摄像机要求不低于 400 万像素。

（7）应具备红外或远红外摄像、红外灯开/断，必要时还应具备语音对讲、广播、监听、自动除霜、自清洁和透雾等功能。

8.3.5.9 门禁监控系统

门禁监控系统主要设置在隧道人员出入口。典型的隧道门禁监控系统如图 8.3 - 9 所示。

门禁监控系统由门禁控制器、开门按钮、读卡器、电控锁组成。门禁控制器安装在门上方的控制箱内，电控锁安装在门上完成门的锁闭。

门锁的开闭状态能传回监控主机，并实现远程操作。

8.3.5.10 电子井盖监控

井盖监控装置安装在电缆终端站、隧道出入口井盖处。典型的电子井盖系统如图 8.3 - 10 所示。

电子井盖监控系统由监控主机和井盖监控装置组成。电子井盖监控主机安装在电缆汇集的变电站中。井盖的开闭状态能传回监控主机，并实现远程操作。

8.3.5.11 防外破监测

电缆通道周边施工打桩、挖掘、钻探、爆破时，可能对电缆通道结构造成破坏风险，

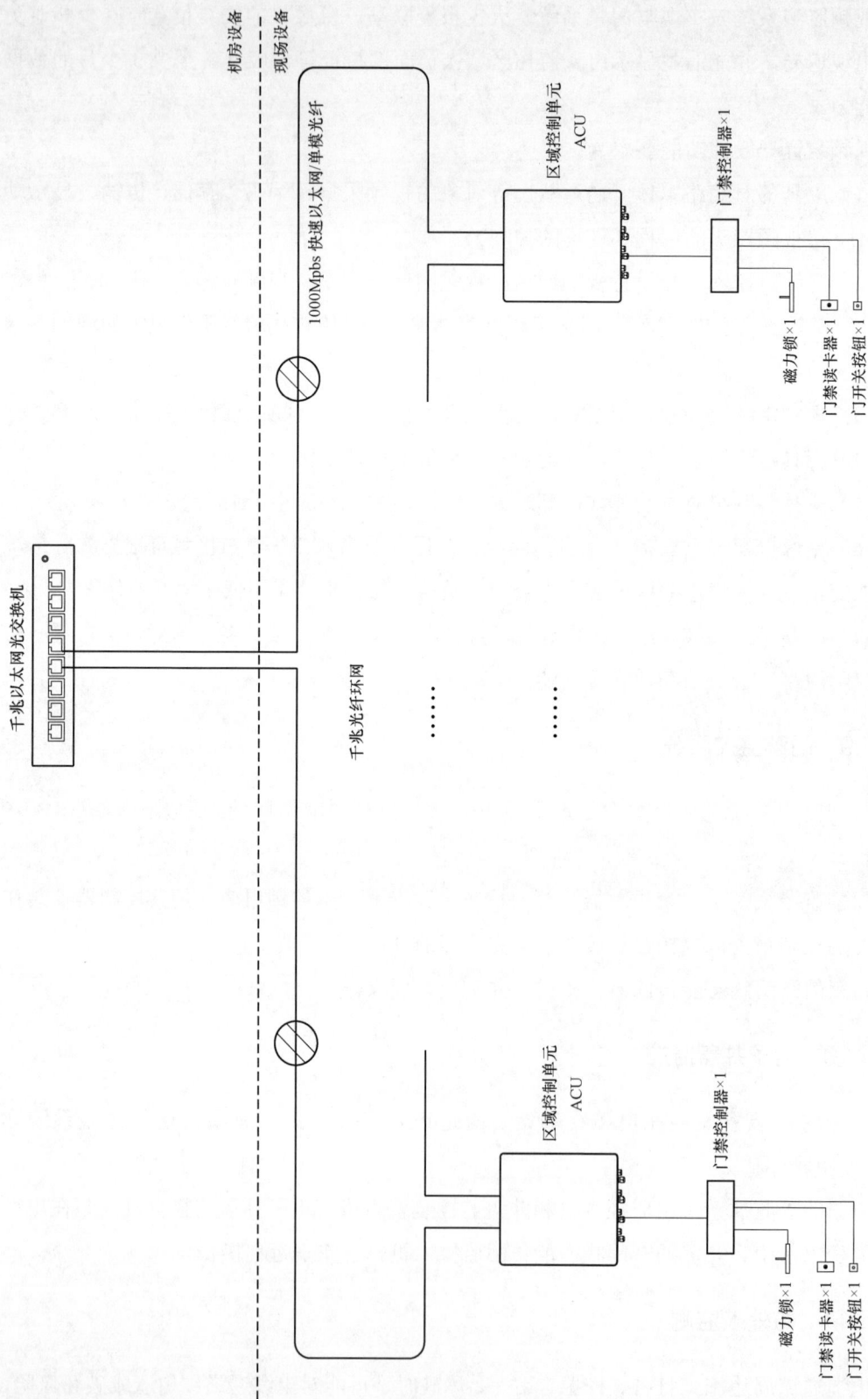

图 8.3－9　典型的隧道门禁监控系统图

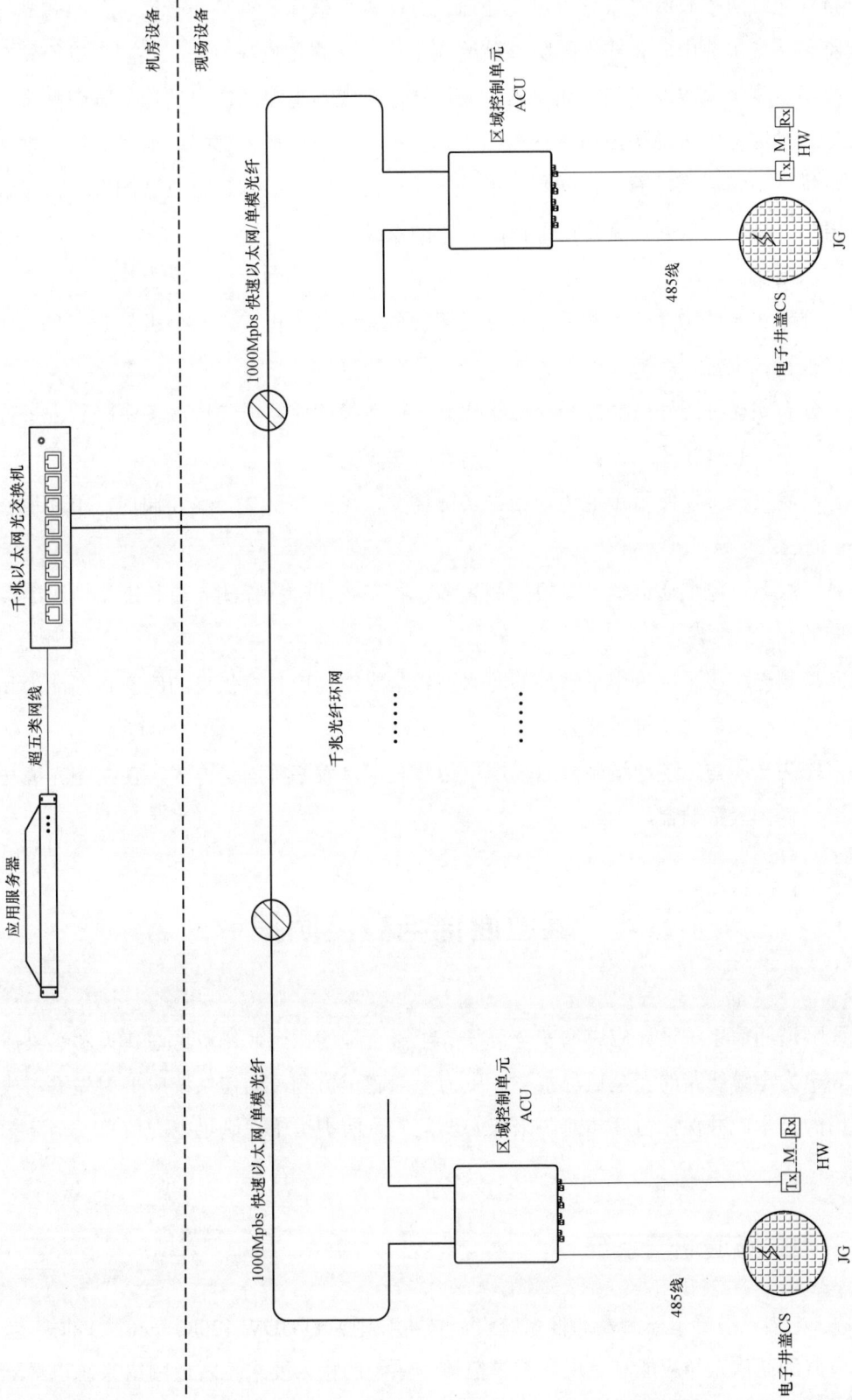

图 8.3－10 典型的电子井盖系统图

通过分布式光纤防外破监测系统对电缆通道进行防外力破坏监测势在必行。分布式光纤防外破监测系统主要由分布式光纤防外破监测主机和探测光缆等组成。监测主机设置在控制中心，探测光缆敷设在电缆通道内，通过探测光缆与电缆通道内结构体紧密贴合，振动信号通过结构体传导至振动传感光缆中，实现对电缆通道外部振动信号监测、振动信号源定位、系统故障报警、光纤断裂报警等功能，并实时显示、记录监测数据、报警位置等信息，将本地数据无缝传输至控制中心的系统平台。

配置原则及要求：

（1）分布式光纤防外破监测系统应该设置服务器或工控机，用于分析外破信息，如外破预警报警、位置、波形及外破类型。

（2）分布式光纤防外破监测系统应集成外力破坏模式库，能通过现场实际数据进行数据训练，不断完善模式库，协助有效识别外力破坏类型。

（3）监测主机常规使用 1 通道，根据实际需要，可扩展至 2、4、8 通道，单通道长度 50km 范围内可选。

（4）一般单一电缆通道敷设单根探测光缆，初步设计阶段探测光缆长度按电缆通道路径长度的 1.2 倍考虑。

（5）探测光缆应采用可用于室外的防水型铠装光缆，应具有优良的应变传递能力和较好的抗弯曲、抗剪切及抗压能力。

（6）探测光缆与电缆通道贴合应采用单边骑马卡、胶塞等固定方式，使探测光缆与电缆通道结构体紧密贴合。

8.4　隧道通信与安全防护

电缆隧道通信系统设计应遵循安全可靠、经济合理的原则，统筹考虑建设和运维成本，提高电力电缆线路的安全运行水平。电力电缆隧道监测及通信系统应采用先进、成熟、适用的技术，并保持适度超前。采取必要的安全防护措施，满足电力信息安全防护要求。

8.4.1　电缆隧道通信系统

依据《电力电缆隧道监测及通信系统设计技术导则》（Q/GDW 12080—2021）的规定，电缆隧道监测通信系统应能满足电缆隧道监测子系统的接入要求，隧道网络系统电缆隧道监测通信系统宜采用工业以太网或无源光网络组网，一、二级电缆隧道应配置隧道通信系统。

通信系统应配置话务系统确保隧道内运维人员与隧道监控中心及外部正常通信，话务系统宜根据需要设置为固定语音通信系统或无线通信系统。固定语音系统电话机间距不宜大于 100m，且每个防火分区应至少设置 1 台，通过通信网络接入行政交换系统。无线通信系统可引入公网无线通信信号，人员可在隧道内与外界通话。

电缆隧道内的通信系统电话应与值班室接通、信号应与通信网络接通。隧道人员进出口或每一防火分隔区内应设置一个通信点。

典型的电缆隧道电话系统如图 8.4-1 所示。

在电力监控系统新建、改造工作的设计阶段，工程管理单位（部门）应根据相关规定组织确定电力监控系统安全等级，提交安全防护评估方案，并通过主管部门评审。

综合调研湖南地区隧道监控系统运行情况，以及电缆隧道运维部门的反馈，可采用光纤环网作为隧道内通信主干网，基于 VOIP 的语音通信系统作为隧道内的应急话务系统，4G/5G 信号分布系统作为辅助无线通信。具体的配置和功能实现，应根据隧道长度、重要性等情况，经过经济、技术分析后确定。

8.4.2　信息接入及安全防护

随着信息技术的发展，网络信息和数据安全越发重要，信息采集类终端及信息接入应符合国家各项法规、政策、技术方针，并应严格执行国家电网有限公司现行的信息安全相关规定。典型的电缆隧道无线 AP 系统如图 8.4-2 所示。

（1）电缆隧道监控子站或电缆隧道监测子系统与电缆隧道监控主站之间采用无线通信网或者外部公用数据网的虚拟专用网络方式等进行通信时，应通过安全接入平台接入。

（2）采用无线通信网或外部公用数据网的虚拟专用网络方式等进行通信时，电缆隧道监控子站或电缆隧道监测子系统与电缆隧道监控主站之间应当设置经过国家指定部门检测认证的电力专用纵向加密认证装置或者加密认证网关及相应措施。

（3）对于一侧连接变电站的隧道，其监测数据应采用光纤直接接入内网；两侧皆不与变电站连接的隧道，其监测数据也应接入内网。数据的接入及功能应与省级管控平台建设工作衔接。

（4）终端业务数据应加密储存。

（5）在终端使用过程中如果发生网络断开、访问业务系统出现异常、安全专控软件运行的情况，安全专控软件应记录日志。

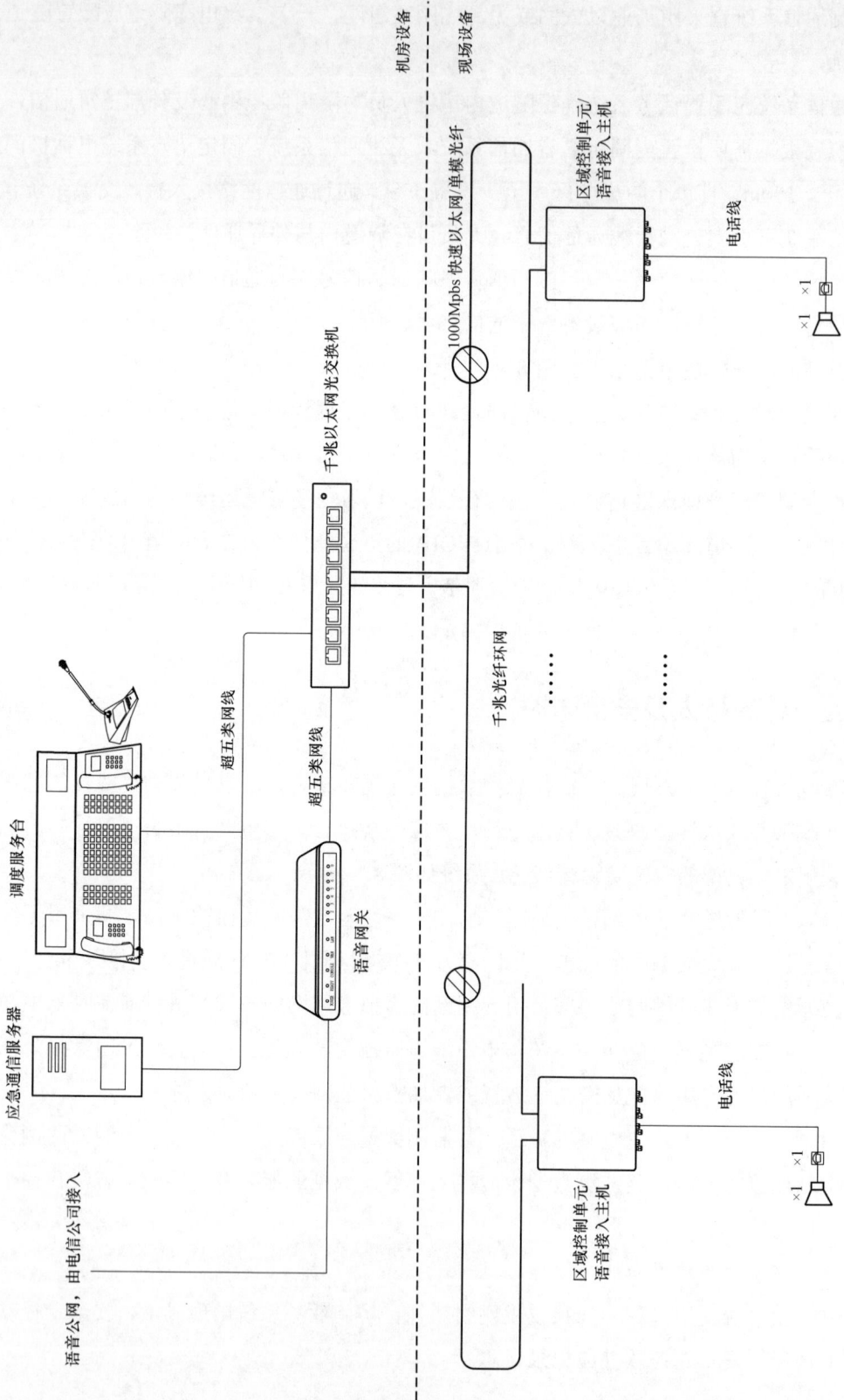

图 8.4－1　典型的电缆隧道电话系统图

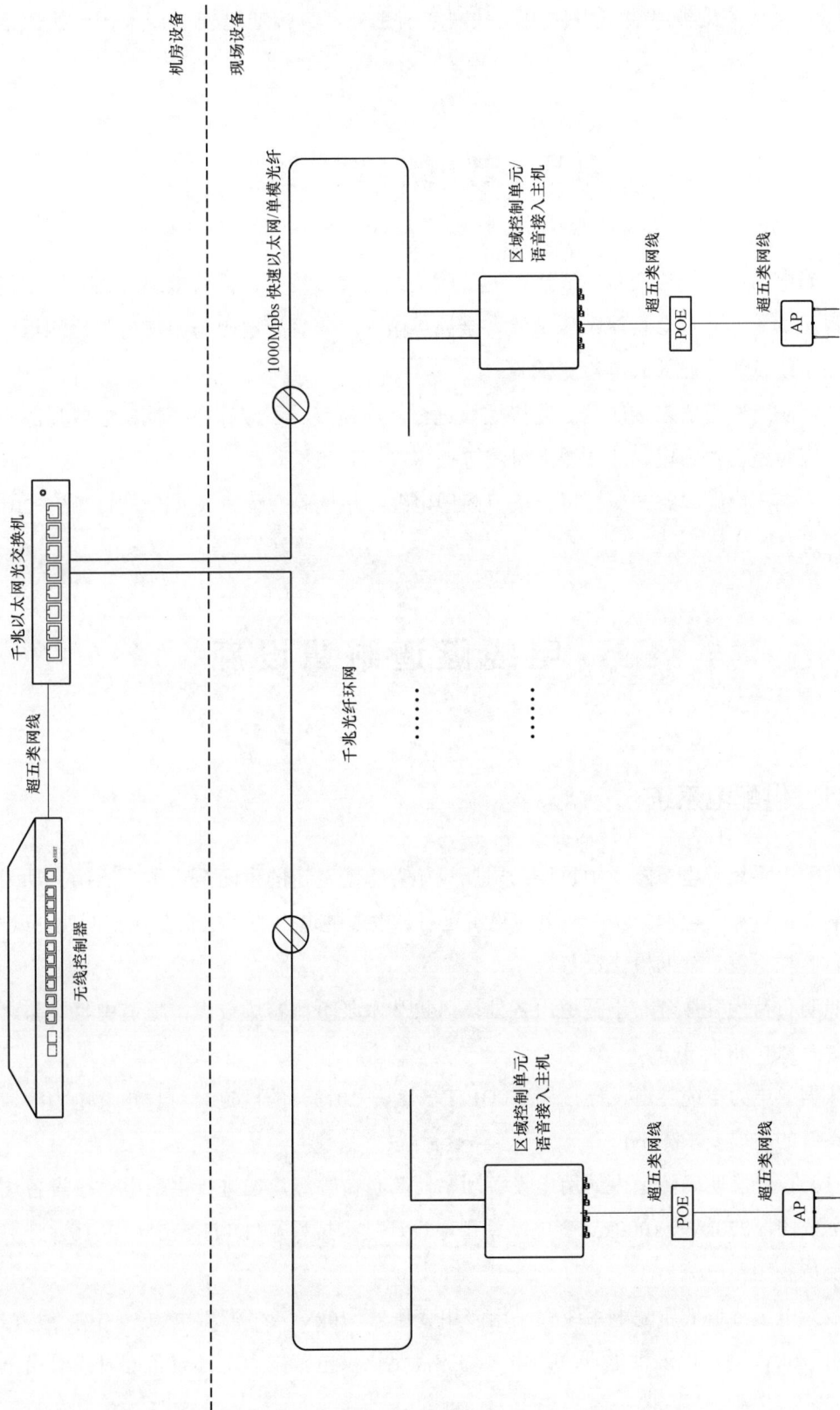

图 8.4 - 2　典型的电缆隧道无线 AP 系统图

（6）信息采集类终端不得使用互联网或信息外网直接通过安全接入平台接入信息内网。

8.5 电 缆 试 验

（1）电力电缆线路安装完成后，为了验证线路安装质量，需对电缆线路开展主绝缘交流耐压试验、外护套直流耐压试验、金属屏蔽（金属套）电阻与导体电阻比测量、交叉互联系统试验、局部放电检测试验。

（2）应对避雷器连接法兰、连接螺栓进行外观检查，不应存在严重锈蚀或油漆脱落现象；应对避雷器底座、计数器上引线进行绝缘电阻测量。

（3）高压电缆线路的交接试验按《高压电缆线路试验规程》（Q/GDW 11316—2018）的规定进行。

8.6 电缆隧道附属设施

8.6.1 供配电系统

供配电系统是电缆隧道中重要的附属设施。电缆隧道的供配电系统为照明、动力和监控等提供可靠的电源，以保证电缆正常运行。电缆隧道内的用电负荷包括照明、风机、水泵、监控系统、辅助检修设备等。

照明负荷为分散分布于隧道内各处；风机和水泵负荷容量较大，隧道中每个防火区均布置有风机和水泵。

依据《电力电缆隧道设计规程》（DL/T 5484—2013）的规定，对长距离电力隧道供配电系统的主要要求如下：

（1）设计应明确隧道内的用电设备功率及其负荷等级，在进行供配电系统设备选型时，需依照《220kV~1000kV变电站站用电设计技术规程》（DL/T 5155—2016）计算系统的负荷和短路电流。

（2）电缆隧道低压配电系统宜采用专用变压器、10kV双电源供电、放射式接线方式。需采用10kV两路电源供电，每路电源均应满足该供电范围内全部设备同时投时用电的需求。照明、插座、风机、水泵及消防控制箱回路均应接自不同回路。两回 10kV 电源互为备用，当一路失电时，通过变压器低压侧 ATS 自动切换至另一路电源，另一路电源承担全部负荷。

（3）供电网络设计应符合规划的要求，各相负载宜平衡，低压配电系统电压为380/220V，采用三相五线制配电，并采用 TN－S 型接地保护系统。电源分电箱、低压配电箱、灯具、风机、水泵及控制箱屏等的外露可导电部分应就近接地。

（4）配电变压器的负荷率不宜大于 70%。变压器宜选用接线组别为 Dyn11 的三相配电变压器，并应正确选择变压比和电压分接头。

（5）电源计量表计、无功补偿装置安装在变压器低压侧。

（6）电源分电箱应安装在人员进出口处。电源分电箱可兼作低压用电配电箱，在箱内除需安装照明电源总开关和动力用电总开关外，还应设置电源切换装置。配电箱应留有适当的备用出线回路。

（7）电源分电箱和低压配电箱外壳防护等级不应低于 IP54，安装高度宜为箱底距地面 1.5m，箱内每回路宜设剩余电流动作保护装置。

（8）低压配电线路的导线应选用铜芯绝缘导线，导线截面积应按回路计算电流进行选择，按允许电压损失、机械强度允许的最小导线截面积进行校验。正常运行情况下，用电设备端子处电压偏差允许值（以额定电压的百分数表示）可按下列规定验算：一般电动机±5%，照明＋5%～－10%。大电机启动时，配电房低压母线电压降不大于 10%。

（9）进入隧道的外部线路应穿管埋设电缆。隧道内低压配电线路宜采用耐火电线、电缆明敷，或电线电缆穿阻燃型硬质管明敷（不同负荷回路应分管敷设），或统一敷设在防火槽盒内。

（10）导线（包括绝缘层）截面积的总和不应超过管内截面积的 40%，或管子内径不小于导线束直径的 1.4～1.5 倍。

8.6.2　照明系统

电缆隧道应设置正常照明、应急照明和过渡照明。正常照明灯具的布置宜采用沿隧道顶棚中线均匀布置。应急照明主要是疏散照明，由安全出口标志灯和疏散标志灯组成。过渡照明是为了满足眼睛适应性需求，在隧道明暗过渡空间布置的辅助照明。

电缆隧道的照明场所分为工作井内和隧道区间。

隧道内人行通道上的平均照度值不小于 15lx。工作井作为作业空间，照明度值可以按照变电站设计。

照明灯具应采用节能、防潮型（防护等级不低于 IP67）LED 灯具。灯具外壳应带单独接地线。照明灯具分散布置在隧道的主体和工作井内，各个工作场景对照明的需求不同。因此，设计合理的灯具控制模式需在保障可靠性需求的基础上，兼顾方便运行和检修和降低能耗两个方面。

应急照明电源除正常的电源外，宜选用另一路供电线路与自带电源型应急灯相结合的供电方式。正常电源事故后，应急电源投入的转换时间应不大于 15s，应急照明电源的待续工作时间不应小于 30min。

照明系统中每一单相回路不宜超过 16A，单独回路的灯具数量不宜超过 25 个。照明开关应采用双控开关，开关应选用防水防尘型，其安装高度宜为 1.3m。

电缆隧道照明系统应具备就地控制和远程控制功能。

8.6.3　接地系统

工作井内 220/380V 配电系统接地型式一般为 TT 制。辅助供电系统要采用专门的接地系统。隧道中内存在两个接地系统：电力系统的接地系统和辅助供电系统接地。由于整个隧道区间有限，两个接地系统在物理上是联通的。在电力系统发生故障情况下，如果故障可以较快速切除，地电位的上升幅值可以控制在供电系统绝缘水平以下。

电缆隧道内应使用一个总的接地综合网，接地电阻不宜超过 1Ω。

明挖隧道及工作井内，工作井机房接地装置应利用机房建筑物基础自然间横竖梁内的 2 根以上主钢筋或者埋在基础里的地下金属，组成网络不大于 5m×5m 的机房地网，当机房建筑物基础有桩时，应将地桩内 2 根以上主钢筋与机房接地装置就近焊接连通。

非明挖隧道（盾构及顶管隧道）内，应充分利用隧道初期支护锚杆、钢架、钢筋网或者底板钢筋作为接地装置。用作接地极的钢杆环向间距要求为 2 倍锚杆长度；接地锚杆与钢筋网、钢拱架或者专用环向接地钢筋应可靠焊接；隧道底板钢筋应形成一个 1m×1m 的单层钢筋网。

8.6.4　通风

参考《电力电缆隧道设计规程》（DL/T 5484—2013）等规范规程和国家电网有限公司现行文件规定的规定，本通用设计通风应满足如下要求。

8.6.4.1　通风设计基本要求

结合电缆隧道内所需一定的环境温度要求以及人员维护检修需要，通风系统设计需要满足以下 4 种运行工况：

（1）排热工况：排除隧道内的发热量，同时满足工艺对环境的要求而进行必要的通风。

（2）巡视工况：为了方便运营维护人员到隧道内巡视及维修，需使隧道内空气质量满足劳动卫生要求而进行的通风。

（3）换气工况：为维持隧道内的基本空气品质，排除隧道内的异味而进行的通风。

（4）灾后通风：当隧道内发生火灾，采取密闭灭火的方式，人工确认火灾熄灭后，为排除隧道内烟气而进行的通风。

8.6.4.2　通风方式的选择

（1）自然通风。由于电缆在隧道里运行时散发出大量热量，可以利用热压的原理，将进风口降低，排风口升高，只要进风口与排风口足够大，且进风口与排风口的高差足够大，无须风机也可以把隧道内的余热排走，这样便可以节省运行费用。但这种方式往往把排风竖井建得很高，或需把隧道分成很多个独立通风分区，即需要很多进风口和排风口。这种方式土建造价较高，而且进、排风竖井太多，对城市环境造成一定的影响。一般来说，通风分区小于 100m 宜采取此种方式。

（2）自然排风、机械进风或自然进风、机械排风。当自然通风没法实施或隧道要求标准较高时，可用此方式。与自然通风比较，通风分区较长，进、排风竖井可以减少些，当然风机风量、风压需要大些，风机的噪声也大些。这种方式主要适用于城市内，因为通风分区较长，进、排风竖井的数量可相应地减少，对城市环境的影响也较小。

（3）机械进风、机械排风。这种方式与自然进风机械排风或机械进风自然排风的方式比较，主要是通风分区可以更长，所用的风机风量更大，噪声也更大。如果隧道在城市马路旁，来往的车辆本身噪声也很大，而城市环境部门要求进、排风竖井尽量少的情况下，可以采用此方式。一般来说，通风分区大于 600m 宜采取此种方式，适用于长距离顶管、盾构隧道。

8.6.4.3　机械通风设计

当有较多电缆导体工作温度持续达到 70℃ 以上或其他影响环境温度显著升高，可装设机械通风当隧道长度较长时，应分区段实行相互独立的通风。机械通风宜符合下列规定：

（1）进风温度宜按照夏季通风室外计算干球温度选取，排风温度不应超过 40℃，进排风温差不应超过 10℃。

（2）隧道内最小断面处风速不宜大于 5m/s。

（3）地面风亭应满足城市规划的要求，外侧设置的进、排风口，以及直接与之连通的风井等区域，需要采取可靠措施防止人员侵入，并与周边环境协调，不应处于地势低洼处。进排风口应设置在室外空气较清洁地区，且下缘距室外地坪不宜小于 0.5m，应加设防止小动物进入隧道内的金属网格及防水、防火、防盗等措施，网孔净尺寸不应大于 10mm×10mm，并满足挡水要求。

（4）排风口避免直接吹到行人或附近建筑，直接朝向人行道的排风口出风速度不宜超过 3m/s；进风口应设置在空气洁净的地方，否则进风应过滤处理。

（5）通风系统宜由温度控制启停，风机与测温电缆联锁，当隧道内环境温度达到 40℃时通风系统开始运行，打开相应的电动进风百叶窗和排风机组；当环境温度低于 35℃时，通风系统停止运行；隧道内温度超过 70℃时，防火阀关闭，并联锁关闭风机机组。风机应实现与监控中心远程开启和关闭控制功能，并能设置定期通风功能。

（6）在隧道正常运行状态下，通风口不宜兼作电缆放线口、设备及材料进出口。

（7）电缆隧道设计时应对通风设施的噪声进行控制，采取必要的减振隔声措施。地面风亭噪声对周围环境的影响应符合《声环境质量标准》（GB 3096—2008）的规定和要求。

8.6.4.4　通风量计算

（1）消除余热通风量，宜按隧道电缆正常运行状态下最大载流量通过能力计算。

（2）人员检修新风量，宜按 30m³/（h·人）计。

（3）每个通风区段的事故通风量，宜按最小换气次数 6 次/h。当采用其他辅助降温设施时，设备容量的选取应满足及时排除电缆发热量要求，同时满足人员检修时新风量和事故通风量的要求。

8.6.5　排水

根据《电力电缆隧道设计规程》（DL/T 5484—2013）规定，结合湖南电网电缆隧道工程建设及运行经验，设计时应根据不同的地质条件、运行环境条件等因素因地制宜地进行隧道排水设计。

8.6.5.1　隧道排水范围

为确保安全，电缆隧道内一般不设置生活给水设施，隧道消防一般也不选用水消防，所以隧道内的排水不需考虑生活排水及消防排水。隧道内水的来源主要包括结构渗漏水和局部敞口雨水两种。

（1）结构渗漏水。电缆隧道施工一般分为明挖、暗挖、盾构、顶管等施工方法。为保证隧道内电缆的正常运行环境，隧道一般采用全防水设计。电缆隧道防水等级为二级，不允许漏水，结构表面可有少量湿渍。其中，隧道工程要求平均渗水量不大于 0.05L/（m^2·d），任意 $100m^2$ 防水面积上的渗水量不大于 0.15L/（m^2·d）。

（2）局部敞口雨水。隧道起点、终点及中间部分一般设置施工竖井，隧道主体竣工后可作为电缆井、检修井或通风井使用。竖井井口的形式可设置为有盖或敞口，当设置为敞口时，雨水便可通过井口下落至竖井横通道或隧道内，此时需考虑雨水的单独排除。当隧道最低点与敞口风井处于同一位置时，也可共用集排水设施。

8.6.5.2　排水设计要点

隧道排水宜采用机械排水方式，并应本着"一防、二截、三排"的原则进行排水设计、施工。隧道排水系统应符合下列规定：

（1）电缆隧道、综合管廊电力舱内应采取有组织的排水，并结合隧道工作井、通风口、出入口、隧道纵坡最低处等设置集水井和自动排水设备，集水井容积不应小于最大一台排水泵 15～20min 的出水量。同时，所有管孔应进行防水封堵。

（2）电缆隧道、综合管廊电力舱底板宜设置排水明沟，并通过排水明沟将舱内积水汇入集水坑。排水沟断面由水量大小确定，纵向排水坡度结合隧道坡度确定，且不应小于 0.5%，并坡向集水坑；排水沟设置位置应便于人员清扫及检查，当排水沟深度大于 400mm 时，其上方应铺设可拆卸的盖板或篦子。

（3）集水井内潜水排水泵应不少于两台，一用一备，必要时同时启动。集水井应设最高水位、启泵及停泵水位信号，并宜设超高、超低水位信号报警功能。排水泵应设计为自灌式，一般采用自动和就地控制方式，必要时可采用远动控制。排水泵通过独立的管道接入排水系统。排水泵出水管应就近接入城市排水系统或其他可靠出路，并应在排水管的上端设置止回阀。排水系统应至少有一根独立的备用排水管道，宜采用 PPR 材质。

（4）设计应明确隧道内积水就近接入市政管网系统的方式，并在隧道主体施工时同步实施，避免道路二次开挖。当隧道周边无市政管网时，应设计独立的室外排水系统，并计列相关费用。

8.6.6　消防

地下工程防火设计是消防工程的难点，火灾会造成严重损失，而且修复时间长，危害严重，必须从源头上控制，避免火灾的发生。高压电缆线路工程消防设计分为电缆本体防火设计和隧道消防设计。此处主要介绍隧道消防设计。

8.6.6.1　消防系统设置原则

隧道防火是一个系统工程，消除隧道火灾不能等隧道出现火灾后再采用消防措施去灭火。根据国家基本建设的有关政策和"预防为主，防消结合"的方针，电缆隧道防火应从消除火灾隐患的出发点出发，立足于防火，杜绝火灾发生；在做好预防工作的同时，再配备必要的消防措施。

防火工作重点是预防。除采用阻燃电缆、防火隔断、防火封堵、在线监测，更重要的是做好各电压等级电缆防火隔离。隧道防火工作重点是：一路电缆发生问题不能延燃，不能影响其他同隧道电缆。

"预防为主"主要是指被动防火措施，主要包括以下两方面：

（1）电缆设计自身的防火措施，电缆应采用阻燃护套。

（2）电缆隧道防火措施，如防火分区、防火槽盒、现场监控等。

主动的消防措施主要包含配置灭火器和设置自动灭火系统两方面。

典型的电缆隧道消防系统如图 8.6－1 所示。

8.6.6.2　隧道消防系统设计要点

（1）隧道中防火墙间隔不应大于 200m。分隔不同通风分区的防火墙部位应设置常闭防火门，其他情况下，有防窜燃措施时可不设防火门或设置常开式防火门。防窜燃方式：可在防火墙紧靠两侧不少于 3m 区段所有电缆上施加防火涂料、包带或设置挡火板等。

（2）电缆隧道的火灾危险类别为 E 类，危险等级为中级。隧道的人员出入口和电缆交叉、接头、密集区域，以及每段防火分隔内，应设置便携式灭火器、黄沙箱等灭火器材。

（3）电缆隧道中可设置火灾监控报警系统，监测数据应接入省公司电缆平台。

（4）有电缆敷设的竖井或工作井中应每隔 7m 设置阻火隔层。

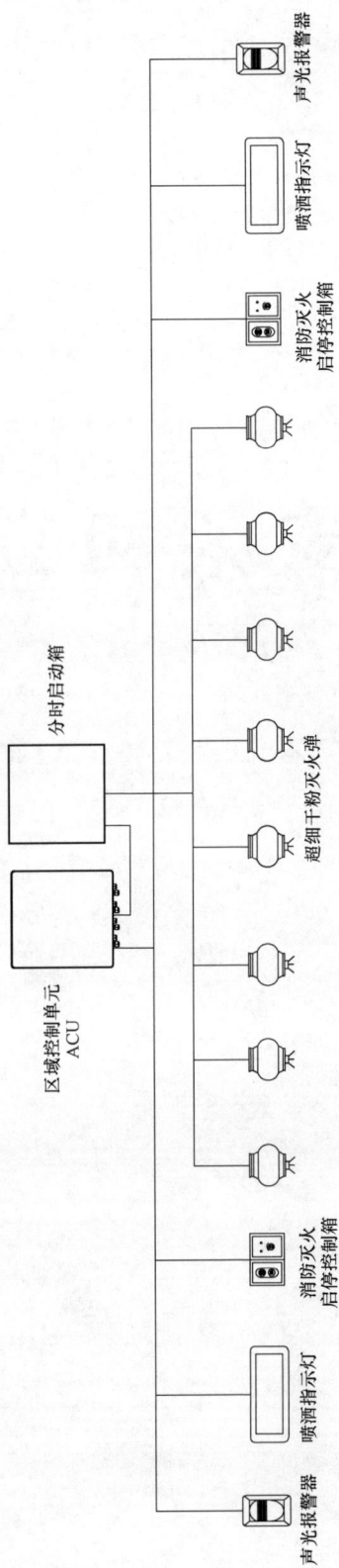

图 8.6－1 典型的电缆隧道消防系统图

第 9 章　支架和立柱

9.1 支　　架

9.1.1 概述

本章为电缆通用设计电缆支架部分，模块命名参考国家电网有限公司现行通用设计原则和方法，结合湖南电网特点和 110kV、220kV 电缆线路设计及建设情况，本通用设计对 Q 模块电缆支架进行优化及调整，模块编号调整为"Q（HN）"。按支架类型分为镀锌钢支架 Q（HN）－1、不锈钢支架 Q（HN）－2 两种子模块。

依据《电力工程电缆设计标准》（GB 50217—2018）、《城市电力电缆线路设计技术规定》（DL/T 5221—2016）并参考国家电网有限公司相关技术文件等，本通用设计遵循以下原则：

（1）根据不同的通道及夹层环境、通道坡度、电缆敷设类型确定电缆的支持与固定方式。

（2）根据电缆的荷载、运行中的电动力要求，确定电缆固定金具的型式和强度。

（3）根据电缆及其附件数量、荷载、安装维护的受力要求，确定电缆支架的结构和强度。

（4）根据通道空间容量、电缆电压等级、电缆回路数量确定电缆支架的层数、支架层间垂直距离、电缆支架间距，电缆支架的层架长度、支架的防腐处理方式等。

（5）单芯电缆的夹具及保护管应选用非铁磁性环保可再生材料，降低电能损耗。

9.1.2 适用范围

Q（HN）－1 子模块：电缆沟、工作井及电缆隧道中采用镀锌钢材质的支架。

Q（HN）－2 子模块：电缆沟、工作井及电缆隧道中采用不锈钢材质的支架。

9.1.3 技术要求

9.1.3.1 设计说明

（1）镀锌钢支架。

Q（HN）－1 子模块为镀锌钢支架，按照长度、截面和材质等技术参数设计。长度分别为 400、450、600、650、770、850、950mm，截面采用槽型，技术条件见表 9.1－1。

表 9.1-1　　　　　　　　　Q（HN）-1 模块技术条件一览表

序号	金具类型	截面	支架长度（mm）
1	镀锌钢支架	槽型	400、450、600、650、770、850、950

（2）不锈钢支架。

Q（HN）-2 子模块为不锈钢支架，按照长度、截面和材质等技术参数设计。长度分别为 400、450、600、650、770、850、950mm，截面采用槽型，技术条件见表 9.1-2。

表 9.1-2　　　　　　　　　Q（HN）-2 模块技术条件一览表

序号	金具类型	截面	支架长度（mm）
1	不锈钢支架	槽型	400、450、600、650、770、850、950

9.1.3.2　使用说明

（1）可根据具体工程条件，从 Q（HN）子模块中选择相应技术条件的作为工程使用。

（2）如一个子模块不能满足要求时，可选用几个子模块进行组合，以满足具体工程的需求。

（3）可根据工程实际情况相应调整图纸，并完善设备材料及本通用设计中未涉及的部分，同时金具承载能力应能满足工程条件。

（4）当通用设计中没有相同使用条件的模块时，可选择合适的模块经过校验代用或重新设计，严禁未经验算而超条件使用通用设计。

（5）模块图纸中提供的参考质量和破坏荷载供参考，使用时应根据确定的结构尺寸和材质情况计算后确定。

（6）应按工程实际情况（支架材质、支架长度、荷载情况、立柱型式等），选择尺寸和承载能力适配的支架。

9.1.4　设计图

Q（HN）模块设计图清单见表 9.1-3。

表 9.1-3　　　　　　　　　支 架 模 块 图 纸 清 单

图序	图名	图纸编号
图 9.1-1	镀锌钢槽型钢支架	Q（HN）-1-01
图 9.1-2	不锈钢槽型钢支架	Q（HN）-2-01

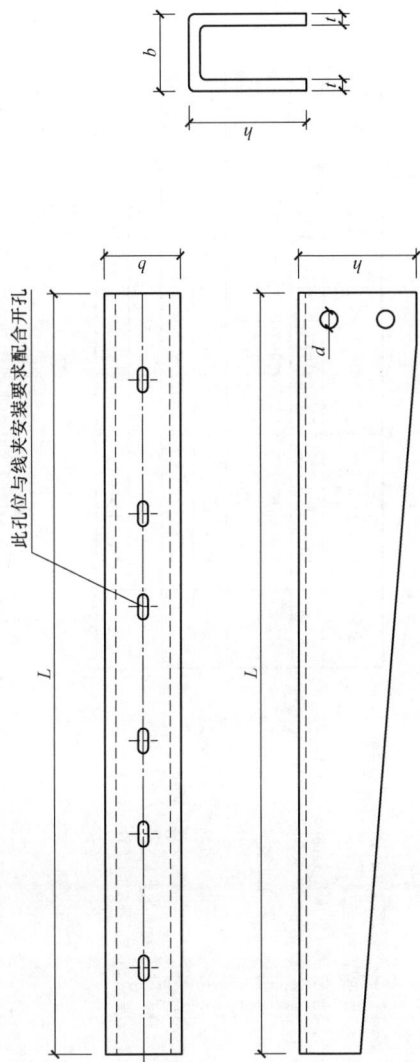

参 数 表

序号	型号 (b×h×t)	规格	L（mm）	单层破坏力矩荷载（kN×m）	参考质量（kg）	螺栓
1	C80×90×4	Q355	400	1.48	7.66	2M12
2	C80×90×4	Q355	450	1.54	7.66	2M12
3	C80×110×5	Q355	600	3.66	10.99	2M16
4	C80×110×5	Q355	650	3.72	10.99	2M16
5	C80×110×8	Q355	770	5.03	16.83	2M16
6	C80×110×8	Q355	850	5.04	16.83	2M16
7	C80×120×8	Q355	950	6.75	18.08	2M18

图 9.1-1 Q（HN）-1-01 镀锌钢槽型钢支架

说明：1. 表面光滑，平整，无毛刺。
2. 螺栓的中距不应小于 $3d$，端距不应小于 $2d$，边距不应小于 $1.5d$。
3. 支架与立柱宽度不匹配时，需加垫片进行处理。
4. 工作电流小于 1500A 时横向支架应采用 Q355B。
5. 连接螺栓采用 6.8 级镀锌粗制螺栓（C级）。
6. 参数释义：L—支架长度；h—截面高度；b—截面宽度；t—厚度；d—螺栓孔孔径。
7. 表中参考质量和垂直（指垂直于支架安装平面方向）破坏力矩荷载供参考，使用时应根据结构尺寸和材质情况计算后确定。
8. 支架固定的螺栓同距为 150～190mm，夹具的净宽 180～230mm。
9. 支架开孔大小、间距需按以上要求根据工程实际条件深化设计。

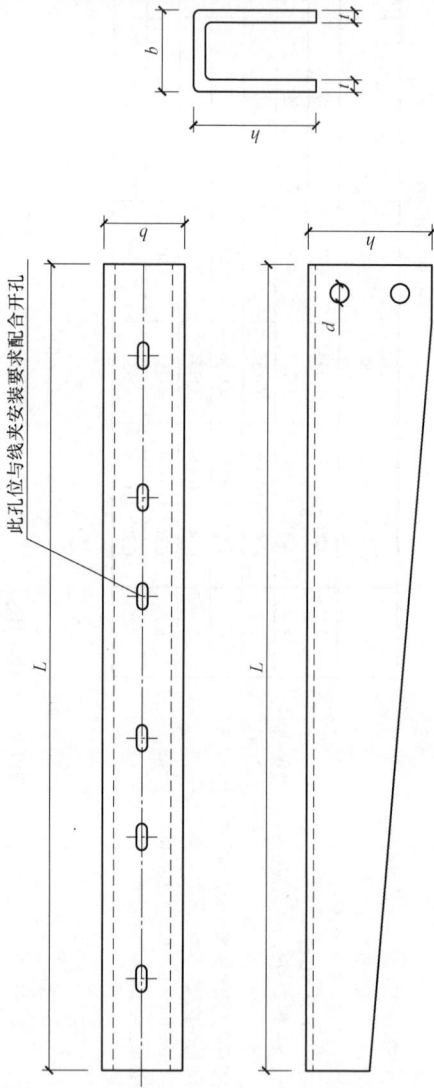

序号	型号（b×h×t）	牌号	L（mm）	单层破坏力矩荷载（kN×m）	参考质量（kg/m）	螺栓
1	C80×100×5	06Cr19Ni10	400	1.48	10.2	2M12
2	C80×100×5	06Cr19Ni10	450	1.48	10.2	2M12
3	C80×125×6	06Cr19Ni10	600	3.66	14.41	2M16
4	C80×125×6	06Cr19Ni10	650	3.66	14.41	2M16
5	C80×125×8	06Cr19Ni10	770	5.03	18.71	2M16
6	C80×125×8	06Cr19Ni10	850	5.04	18.71	2M16
7	C80×140×10	06Cr19Ni10	950	6.75	25.12	2M18

参 数 表

图 9.1-2 Q（HN）-2-01 不锈钢槽型钢支架

说明：
1. 表面光滑、平整、无毛刺。
2. 螺栓的中距不应小于 3d，端距不应小于 2d，边距不应小于 1.5d。
3. 支架与立柱宽度不匹配时，需加垫片进行处理。
4. 工作电流大于 1500A 时横向支架应采用非导磁 S30408 不锈钢。
5. 连接螺栓采用 6.8 级镀锌粗制螺栓（C 级）。
6. 参数释义：L—支架长度；h—截面高度；b—截面宽度；t—厚度；d—螺栓孔径。
7. 表中参考质量和垂直（指垂直于支架安装平面方向）破坏力矩荷载供参考，使用时应根据结构的结构尺寸和材质情况计算后确定。
8. 支架固定的螺栓间距确定为 180～210mm；夹具的净宽 210～250mm。
9. 支架开孔大小、同距需按以上要求根据工程实际条件深化设计。

9.2 立 柱

9.2.1 概述

本章为电缆通用设计电缆立柱部分，模块命名参考国家电网有限公司现行通用设计原则和方法，结合湖南电网特点和 110kV、220kV 电缆线路设计及建设情况，本通用设计对 R 模块，电缆立柱进行优化及调整，模块编号调整为"R（HN）"。本章通用设计支架类型选用镀锌钢支架，子模块命名为直立非自承式立柱 R（HN）–1。

9.2.2 适用范围

R（HN）–1 子模块：电缆沟、工作井及电缆隧道中采用镀锌钢材质的直立非自承式立柱。

9.2.3 技术要求

9.2.3.1 设计说明

R（HN）–1 子模块为直立非自承式立柱，按照高度、截面和材质等技术参数设计。高度为 500～3000mm，截面选用槽型，材质选用镀锌钢。技术条件见表 9.2–1。

表 9.2–1 　　　　　　　　　　R（HN）–1 子模块技术条件一览表

序号	金具类型	材质	截面	高度（mm）
1	直立非自承式立柱	镀锌钢	槽型	500～3000

9.2.3.2 使用说明

（1）可根据具体工程条件，从 R（HN）模块中选择合适的子模块作为工程使用。

（2）可根据工程实际情况相应调整图纸，并完善设备材料及本标准设计中未涉及的部分，同时金具承载能力应能满足工程条件。

（3）当标准设计中没有相同使用条件的模块时，可选择合适的模块经过校验代用或重新设计，严禁未经验算而超条件使用本标准设计。

（4）模块图纸中提供的参考质量和破坏荷载供参考，使用时应根据确定的结构尺寸和材质情况计算后确定。

（5）选用立柱时，应按工程实际情况（敷设条件、安装方式、支架荷载、立柱尺寸等）选择尺寸和承载能力适配的立柱。

9.2.4　设计图

R（HN）模块设计图清单见表 9.2-2。

表 9.2-2　　　　　　　　　　R（HN）模块立柱图纸清单

图序	图名	图纸编号
图 9.2-1	镀锌钢槽型非自承式立柱	R（HN）-1-01

参 数 表

序号	型号（$b \times h \times t$）	L（mm）	垂直破坏力矩荷载（kN×m）	参考质量（kg）	螺栓
1	C100×100×8	500～3000	6.75	16.83	M12～M18

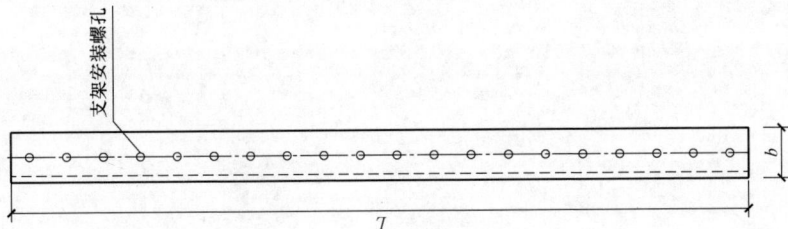

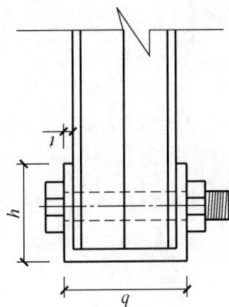

图 9.2－1　R（HN）－1－01 镀锌钢槽型非自承式立柱

支架安装孔

说明： 1. 采用镀锌钢材质。表面光滑、平整、无毛刺。
2. 立柱孔位置需根据支架安装位置确定。
3. 固定安装螺栓视具体情况另配。
4. 立柱也可采用直接与预埋件焊接的方式进行固定。
5. 根据验算纵向支架厚度不应小于横向支架厚度。
6. 参数释义：L—支架长度；h—截面高度；b—截面宽度；t—厚度。
7. 表中参考质量和垂直（指垂直于支架安装平面方向）破坏力矩荷载供参考，使用时应根据确定的结构尺寸和材质情况计算后确定。

第 10 章　电缆通道接地

10.1　概　　述

本章为电缆通用设计电缆线路接地部分。电缆线路接地主要分为电缆构筑物接地、电缆金属护层接地两大类。构筑物接地包括电缆隧道接地、排管工作井接地、电缆沟接地等，本章仅介绍电缆构筑物接地。

10.2　适 用 范 围

明挖隧道及工作井内，工作井机房接地装置应利用机房建筑物基础自然间横竖梁内的 2 根以上主钢筋或者埋在基础里的地下金属，组成网络不大于 5m×5m 的机房地网，当机房建筑物基础有桩时，应将地桩内 2 根以上主钢筋与机房接地装置就近焊接连通。

非明挖隧道（盾构及顶管隧道）内，应充分利用隧道初期支护锚杆、钢架、钢筋网或者底板钢筋作为接地装置。用作接地极的钢杆环向间距要求头 2 倍锚杆长度；接地锚杆与钢筋网、钢拱架或者专用环向接地钢筋应可靠焊接；隧道底板钢筋应形成一个1m×1m 的单层钢筋网。

（1）电缆隧道接地适用于电缆隧道构筑物的接地。其中明挖隧道宜采用一般接地，盾构、顶管隧道宜采用引外接地，如明挖隧道地形受限制时也可采用引外接地。具体见表 10.2－1、图 10.4－1～图 10.4－4、表 10.4－2。

表 10.2－1　　　　　　　　　　电缆隧道接地技术条件一览表

序号	适用场合	主要技术参数	土壤电阻率	最大允许工频接地电阻
1	明挖法隧道	U 型接地网，底部宽度 3.5m，两侧高度 3m，沿隧道底部每隔 5m 设置一根水平接地体	100、300、600Ω·m	接地网的综合接地电阻应小于 1Ω，接地装置接地电阻应小于 5Ω
2	盾构和顶管隧道	引外接地，U 型接地网，底部宽度3.5m，两侧高度 3m		

（2）工作井接地适用于排管工作井构筑物的接地。具体见表 10.2－2、图 10.4－5、图 10.4－6、表 10.4－3。

表 10.2－2   工作井接地技术条件一览表

序号	适用场合	主要技术参数	土壤电阻率	最大允许工频接地电阻
1	工作井	水平接地网宽度与工作井尺寸相适应，底部每隔 5m 设置一根水平接地体	100、300Ω·m	普通工作井（设置金属支架）应设接地装置，接地电阻不应大于 10Ω；接头井接地电阻不应大于 4Ω

（3）电缆沟接地适用于电缆沟构筑物的接地。具体见表 10.2－3、图 10.4－7、图 10.4－8、表 10.4－4。

表 10.2－3   电缆沟接地技术条件一览表

序号	适用场合	主要技术参数	土壤电阻率	最大允许工频接地电阻
1	电缆沟	水平接地网宽度 2.5、3.0m，沿电缆沟底部每隔 5m 设置一根水平接地体	100、300、600Ω·m	应小于 5Ω

10.3 技 术 要 求

（1）根据电缆型号、路径长度、断面尺寸、土壤电阻率、外部环境及管线规划等具体工程条件选择合适的构筑物接地型式和电缆金属护层接地型式。

（2）如一种型式不能满足要求时，可选用几个型式进行组合，以满足具体工程的要求。

（3）可根据工程实际情况相应调整图纸，并完善接地材料及本通用设计中未涉及的部分，同时接地电阻应满足规范要求。

（4）当通用设计中没有相同使用条件的接地型式时，可选择合适的接地型式经过校验代用，或重新设计，严禁未经验算而超条件使用通用设计。

10.4 设 计 图

隧道一般接地材料表见表 10.4－1。

表 10.4－1   隧道一般接地材料表

土壤电阻率（Ω·m）	$\rho \leqslant 100$	$100 < \rho \leqslant 300$	$300 < \rho \leqslant 600$
适用场合	明挖	明挖	明挖

续表

接地网示意图（单位：m）	20 3 ×3.5	80 3 ×3.5	200 3 ×3.5
工频接地电阻（Ω）	≤5	≤5	≤5
隧道内通长接地体长度（m）/质量（kg）	40/100.0 40/89.6*	160/400.0 160/358.3	400/1000.0 400/895.8*
镀锌扁钢－50×6（接地体总长）长度（m）/质量（kg）	127.5/318.75	481.5/1203.75	1189.5/2973.5
ϕ16 镀锌圆钢（预埋连接钢筋）长度（m）/质量（kg）	10×0.8/12.8	34×0.8/43.52	82×0.8/104.96
镀锌钢板－150×150×6（防水隔板）数量（块）/质量（kg）	30/31.74	102/107.916	246/260.268
接地开挖土方量（m³）	6.12	24.43	61
总质量（kg）	463.29 446.64*	1755.186 1713.49*	4338.728 4234.528*
接地网面积（m²）	≥190	≥760	≥1900

注　*指隧道内通长接地体采用－50×5 扁铜带时的数值。

说明：1. 隧道内通长接地干线一般采用不小于－50×6 的镀锌扁钢，耐腐蚀要求较高时可采用不小于－50×5 的扁铜带，每侧 1 道，共计 2 道，安装位置可由设计根据具体情况确定。电缆支架与接地干线可靠连接。

　　　2. 隧道外部采用四道－50×6 镀锌扁钢通长接地体分别沿隧道两侧及底角通长方向敷设，每间隔 5m 用－50×6 镀锌扁钢横向连接线将通长接地体横向连接一次。

　　　3. 隧道内接地干线与隧道外通长接地体采用 ϕ16 镀锌圆钢预埋连接，钢筋每间隔 5m 横向连接一次，连接次数不得少于 2 处。

　　　4. ϕ16 镀锌圆钢预埋连接钢筋与隧道主钢筋有效连接。

　　　5. 所有焊接点及周围被氧化部位应进行防腐处理。

　　　6. 预埋连接钢筋安装后需满足隧道防水的要求。

　　　7. 接地网具体尺寸可根据工程实际进行调整，但接地网面积及接地材料不得少于材料表中的值。

　　　8. 每公里隧道设置不少于 2 组接地网，当工程设计中遇到土壤电阻率较高时，可沿隧道全长每间隔 5m 用－50×6 镀锌扁钢横向连接线将通长接地体横向连接一次。

　　　9. 接地网在腐蚀性较强的地区可采用钢镀铜或不锈钢材质。

　　　10. 隧道三通、四通节点处不同方向接地体建议分开设置，或避免外通长接地体与横向连接构成环绕电缆闭合回路。

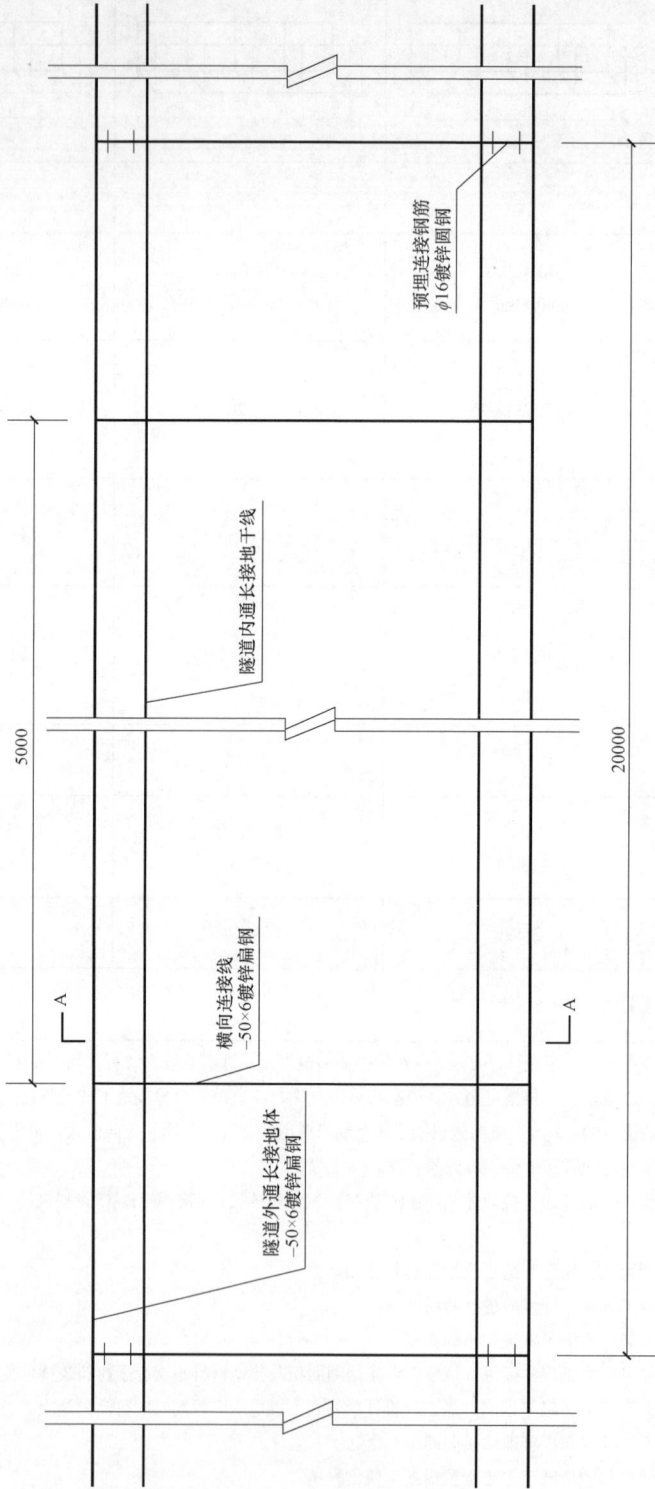

图 10.4－1　隧道一般接地俯视图

地面标高

100

隧道外通长接地体
-50×6镀锌扁钢

横向连接线
-50×6镀锌扁钢

隧道外通长接地体
-50×6镀锌扁钢

隧道内通长接地干线

隧道内通长接地干线

预埋连接钢筋
φ16镀锌圆钢

垫层

横向连接线
-50×6镀锌扁钢

A—A

隧道内通长接地干线
-50×6镀锌扁钢

预埋连接钢筋

100

防水隔板
-150×150×6镀锌钢板

与隧道壁
厚度匹配

预埋连接钢筋详图

横向连接线
-50×6镀锌扁钢

隧道外通长接地体
-50×6镀锌扁钢

50

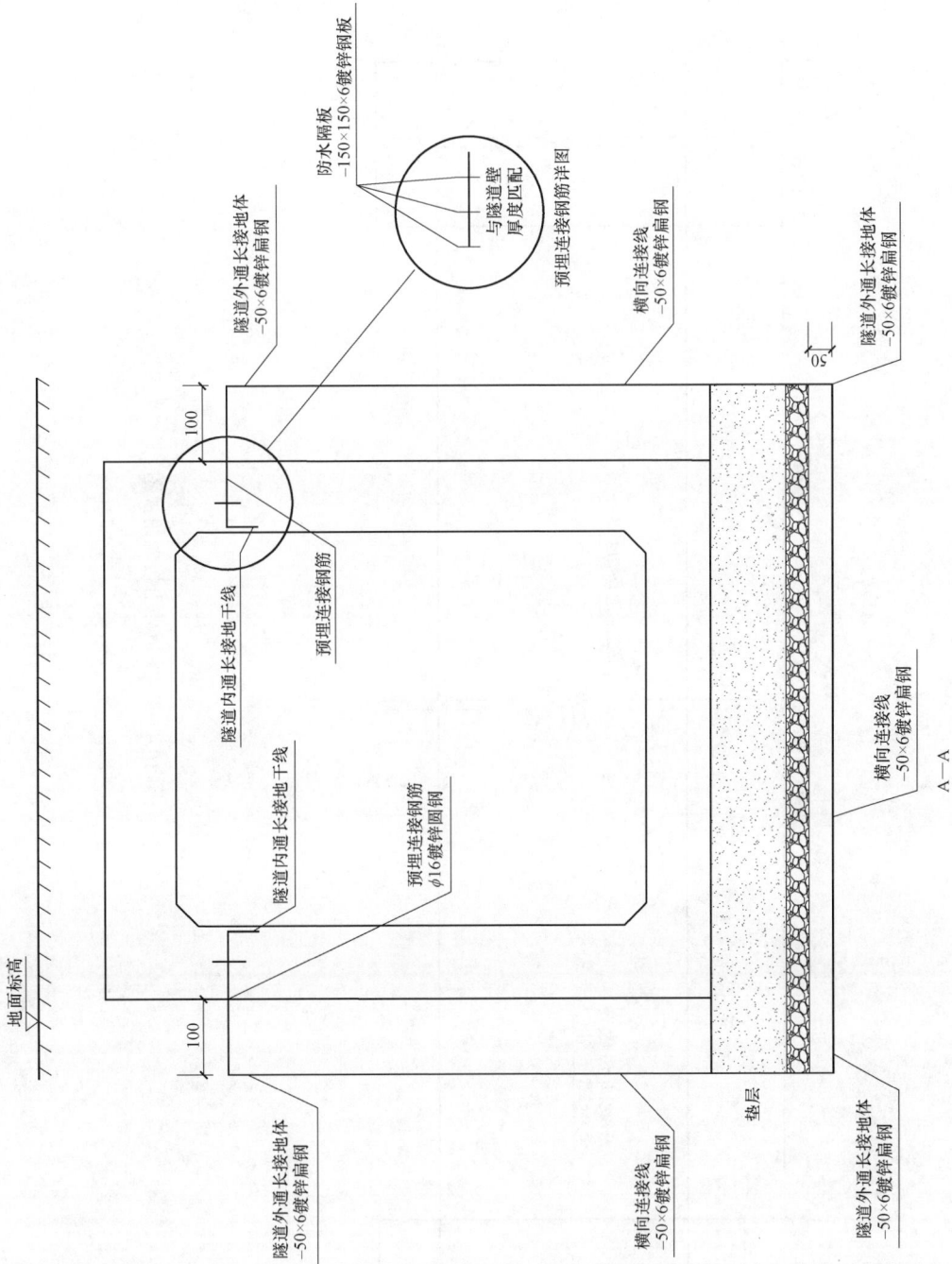

图 10.4-2　隧道一般接地剖面示意图

163

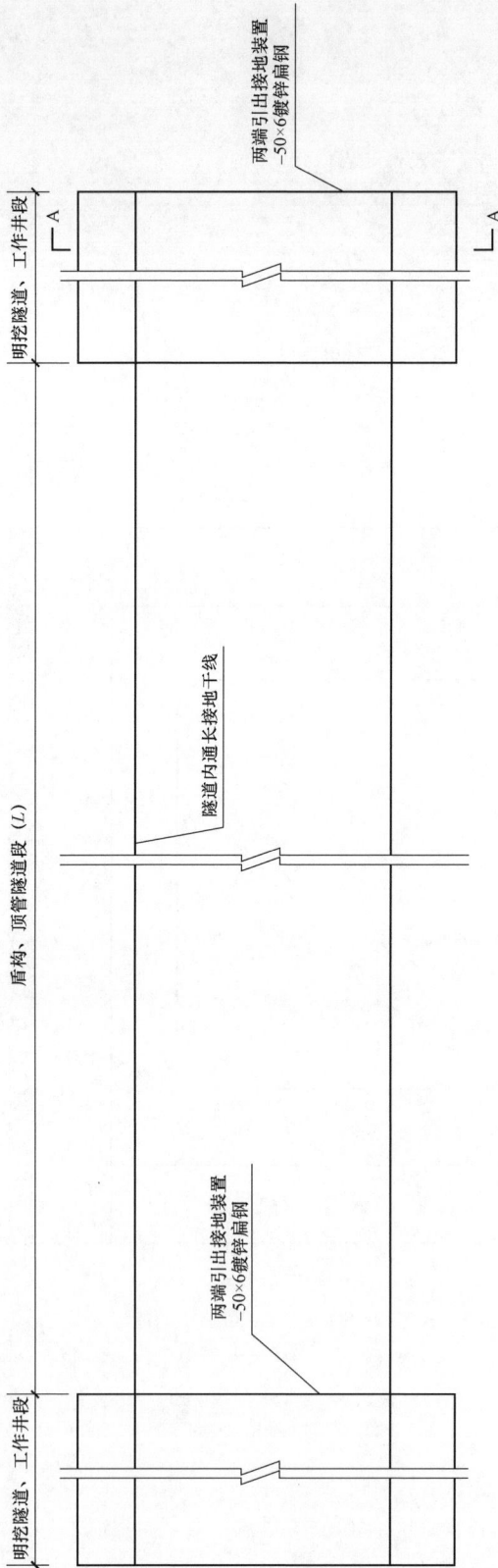

图 10.4－3　隧道外引接地俯视图

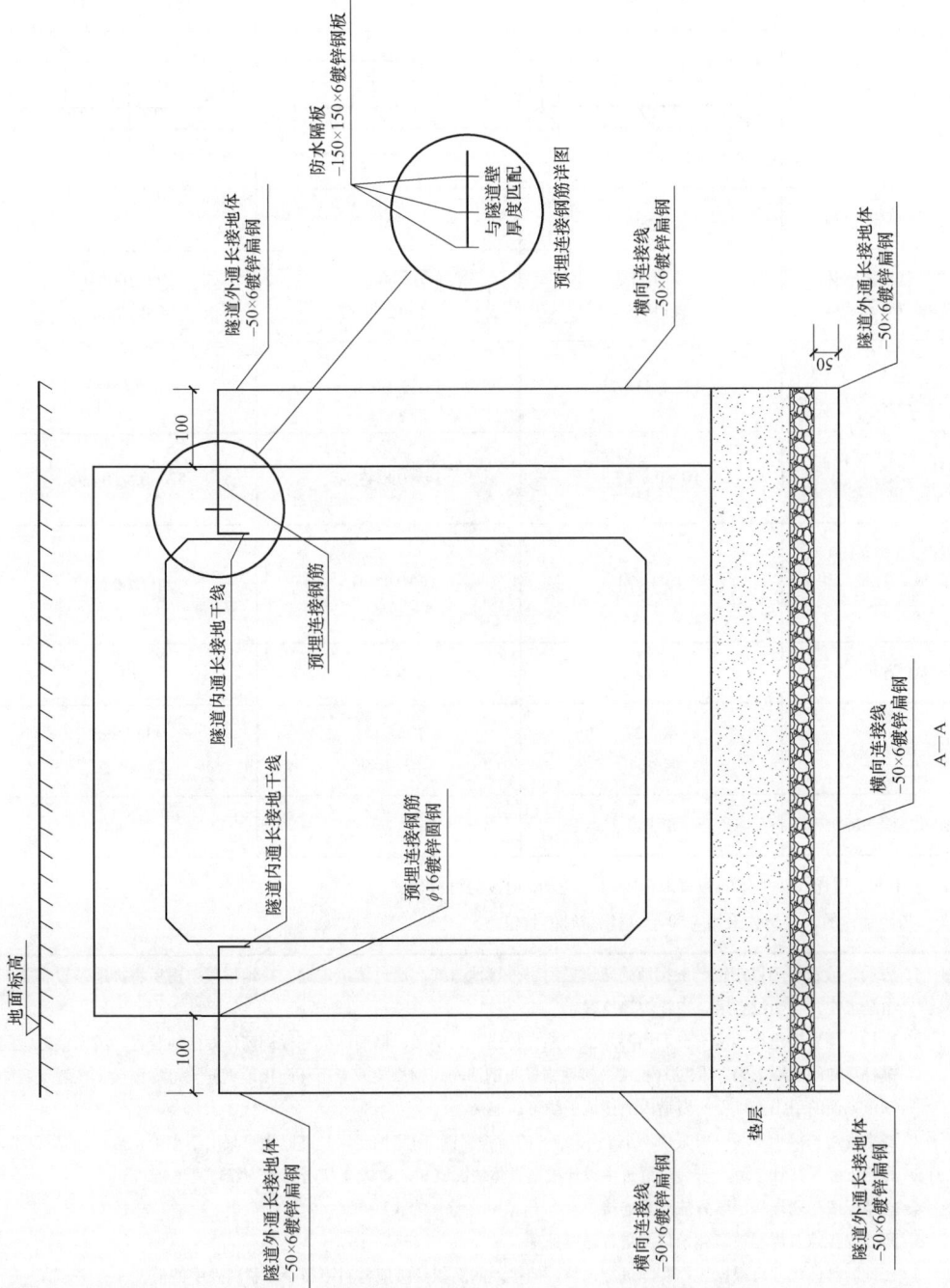

图 10.4－4　隧道外引接地剖面示意图

表 10.4－2　　　　　　　　　　　隧道外引接地材料表

土壤电阻率（Ω·m）	$\rho \leqslant 100$	$100 < \rho \leqslant 300$	$300 < \rho \leqslant 600$
适用场合	盾构、顶管隧道	盾构、顶管隧道	盾构、顶管隧道
接地网示意图（单位：m）			
工频接地电阻（Ω）	$\leqslant 5$	$\leqslant 5$	$\leqslant 5$
隧道内通长接地体长度（m）/质量（kg）	40/100.0 40/89.6*	160/400.0 160/358.3	400/1000.0 400/895.8*
镀锌扁钢－50×6（接地体总长）长度（m）/质量（kg）	127.5/318.75	481.5/1203.75	1189.5/2973.5
ϕ16 镀锌圆钢（预埋连接钢筋）长度（m）/质量（kg）	10×0.8/12.8	34×0.8/43.52	82×0.8/104.96
镀锌钢板－150×150×6（防水隔板）数量（块）/质量（kg）	30/31.74	102/107.916	246/260.268
接地开挖土方量（m³）	6.12	24.43	61
总质量（kg）	463.29 446.64*	1755.186 1713.49*	4338.728 4234.528*
接地网面积（m²）	$\geqslant 190$	$\geqslant 760$	$\geqslant 1900$

注　1. 表中隧道内通长接地体的数值未计盾构、顶管隧道段的材料量。

　　2. *指隧道内通长接地体采用－50×5 扁铜带时的数值。

说明：1. 盾构、顶管等难以布置一般接地的隧道采用引外接地方式。通过隧道内通长接地干线引出后将接地装置布置于电缆工作井、明挖隧道、电缆沟等位置。

　　2. 盾构、顶管隧道接地应充分利用隧道的初期支护锚杆、钢架、钢筋网或底板钢筋作为接地装置。用作接地极的锚杆环向间距要求为 2 倍锚杆长度；接地锚杆与钢筋网、钢拱架或专用环向接地钢筋应可靠焊接。在隧道两端预留方便的引出点以便与隧道内的接地干线可靠连接。

　　3. 隧道内通长接地干线一般采用不小于－50×6 的镀锌扁钢，耐腐蚀要求较高时也可采用不小于－50×5 的扁铜带，每侧 1 道，共计 2 道，安装位置可由设计根据具体情况确定。电缆支架与接地干线可靠连接。

　　4. 接地干线与两端接地装置应可靠连接。

　　5. 所有焊接点及周围被氧化部位应进行防腐处理。

　　6. 接地网具体尺寸可根据工程实际进行调整，但接地网面积及接地材料不得少于材料表中的值。

　　7. 接地网在腐蚀性较强的地区可采用钢镀铜或不锈钢材质。

　　8. 地形受限地区可根据需要增加垂直接地体。

　　9. 隧道三通、四通节点处不同方向接地体建议分开设置，或避免外通长接地体与横向连接构成环绕电缆闭合回路。

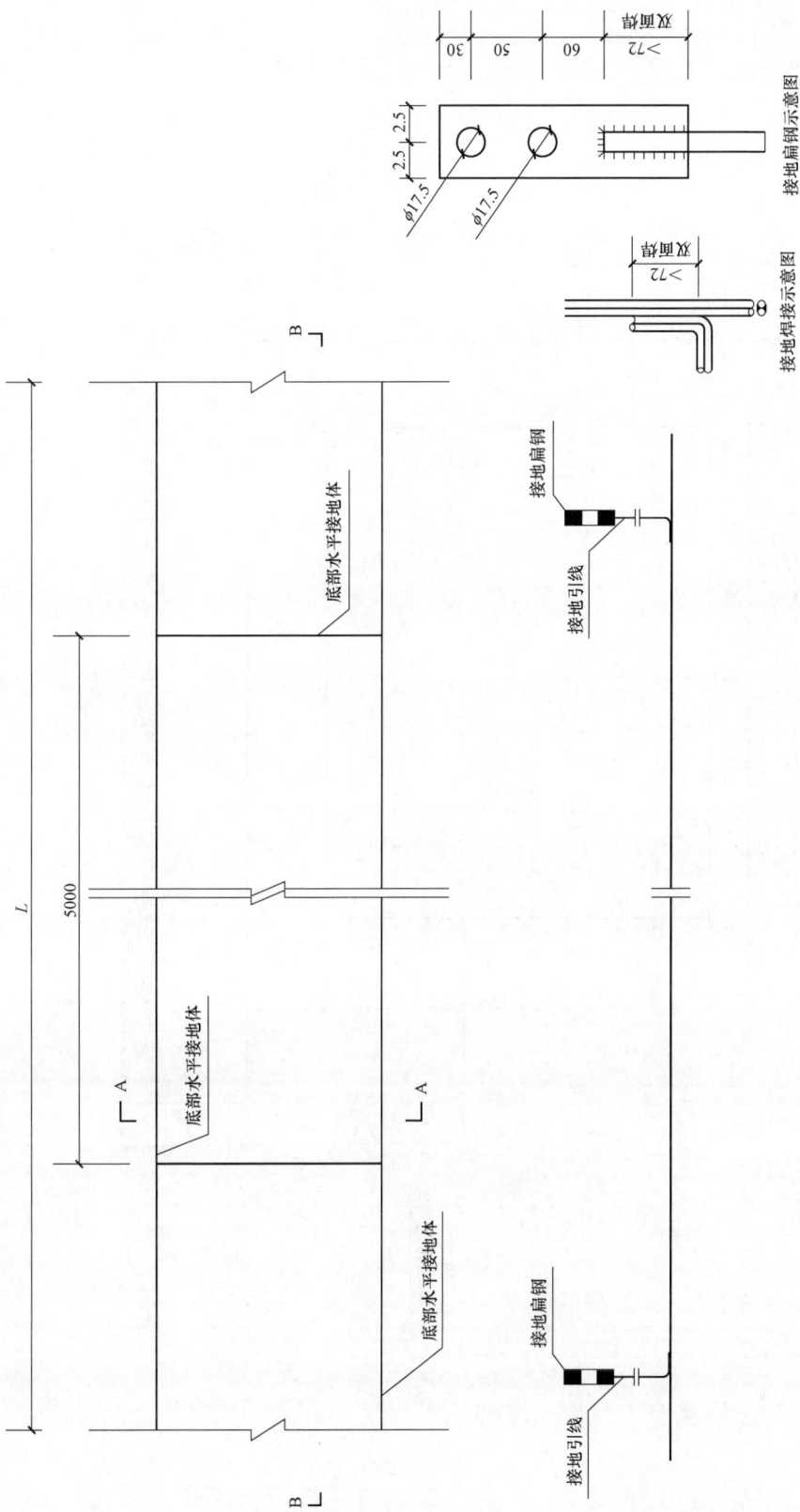

接地扁钢示意图

接地焊接示意图

图 10.4－5　工作井接地装置俯视图

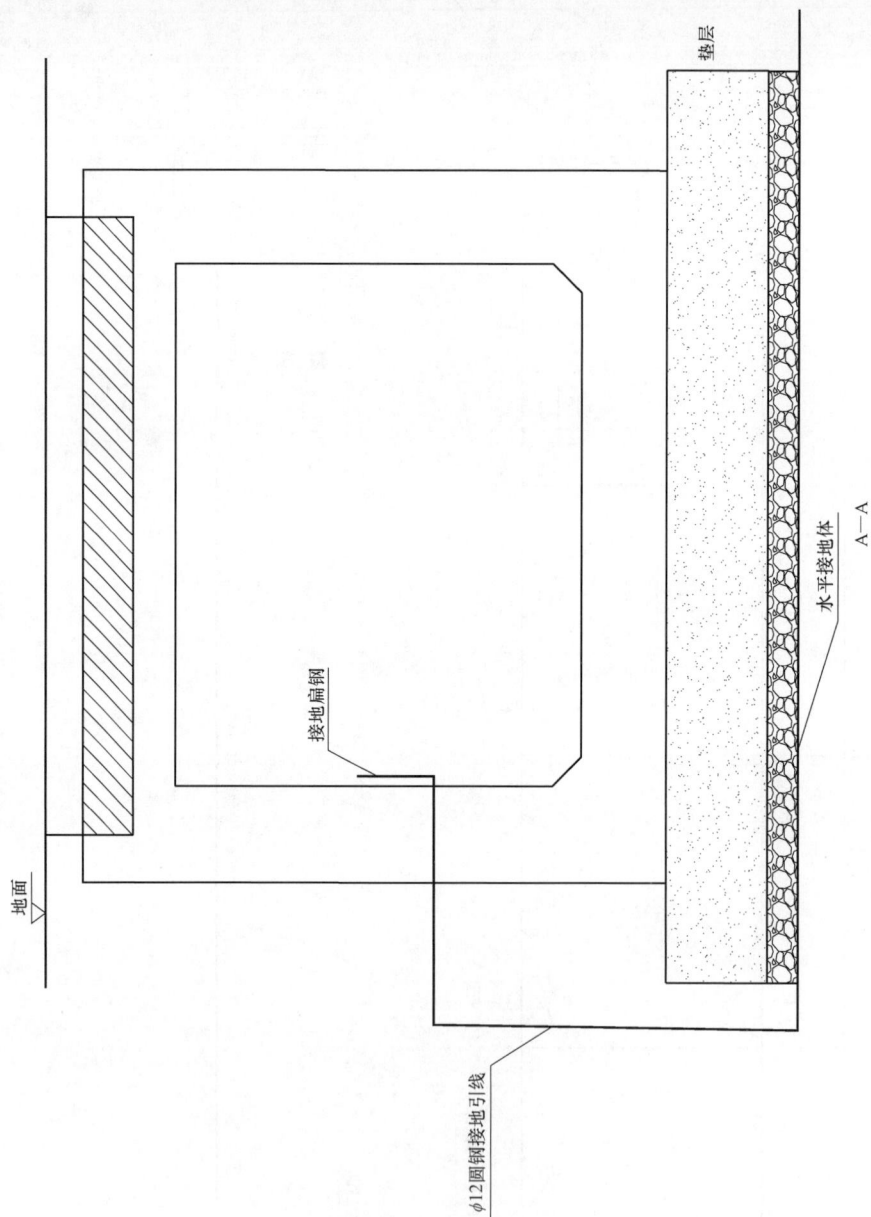

图 10.4－6　工作井接地装置剖面图

表 10.4-3

工 作 井 接 地 材 料 表

土壤电阻率（Ω·m）	ρ≤100	ρ≤100	ρ≤100	ρ≤100	ρ≤100	100<ρ≤300
适用场合	工作井	工作井	工作井	工作井	余线井	接头井
水平接地网示意图（m）	2.5 / 3.5	3 / 3.5	3.5 / 3.5	3.8 / 3.5	11 / 5.5	15 / 3.5
最大允许工频电阻（Ω）	10	10	10	10	10	4
接地扁钢-5×50×212 质量（kg）	0.6	0.6	0.6	0.6	0.6	0.6
接地圆钢φ12长度（m）/质量（kg）（水平纵向+横向总长）	12/11	13/12	14/13	15/14	44/39	44/39
φ12×2400长度（m）/质量（kg）（引下线）	4.8/4.3	4.8/4.3	4.8/4.3	4.8/4.3	4.8/4.3	4.8/4.3
总质量（kg）	11.3	12.3	17.3	18.3	43.3	43.3
接地网面积（m²）	≥8.8	≥10.5	≥12.25	≥13.3	≥60.5	≥52.5

说明： 1. 本图用于中间接头工作井及操作井的接地。
2. 工作井接地引线等与井内每块预埋铁可根据工程实际连接，考虑井内设备接地，工作井两端各安装一副接地端子。
3. 接地网引线具体尺寸可根据工程实际情况进行调整，但接地网面积及接地材料不得少于材料表中的值。
4. 工作井底部采用φ12镀锌圆钢，分别沿工井两侧通长方向水平敷设，每隔5m横向连接一次。
5. 所有焊接点及周围氧化应部位应进行防腐处理。
6. 土壤电阻率高、地形受限不能数设时，根据具体工程引出接地线，加设垂直接地极等方式增加接地效果。
7. 接地网在腐蚀性较强的地区可采用钢镀铜或不锈钢。
8. 三通、四通井处避免接地体与横向连接构成环绕电缆闭合回路。

注 因工作井接地网面积有限，工频接地电阻达不到要求时，需沿电缆排管壕沟敷设两根平行的φ12圆钢，并每隔5m向下打角钢垂直接地极，使接地电阻达到要求。

接地扁钢示意图

Ø17.5

Ø17.5

2.5 2.5

30 50 60 >72

宽度（扁钢）

接地焊接示意图

θ

>72

宽度

接地扁钢

接地引线

接地扁钢

接地引线

底部水平接地体

底部水平接地体

底部水平接地体

5000

L

A

A

B

B

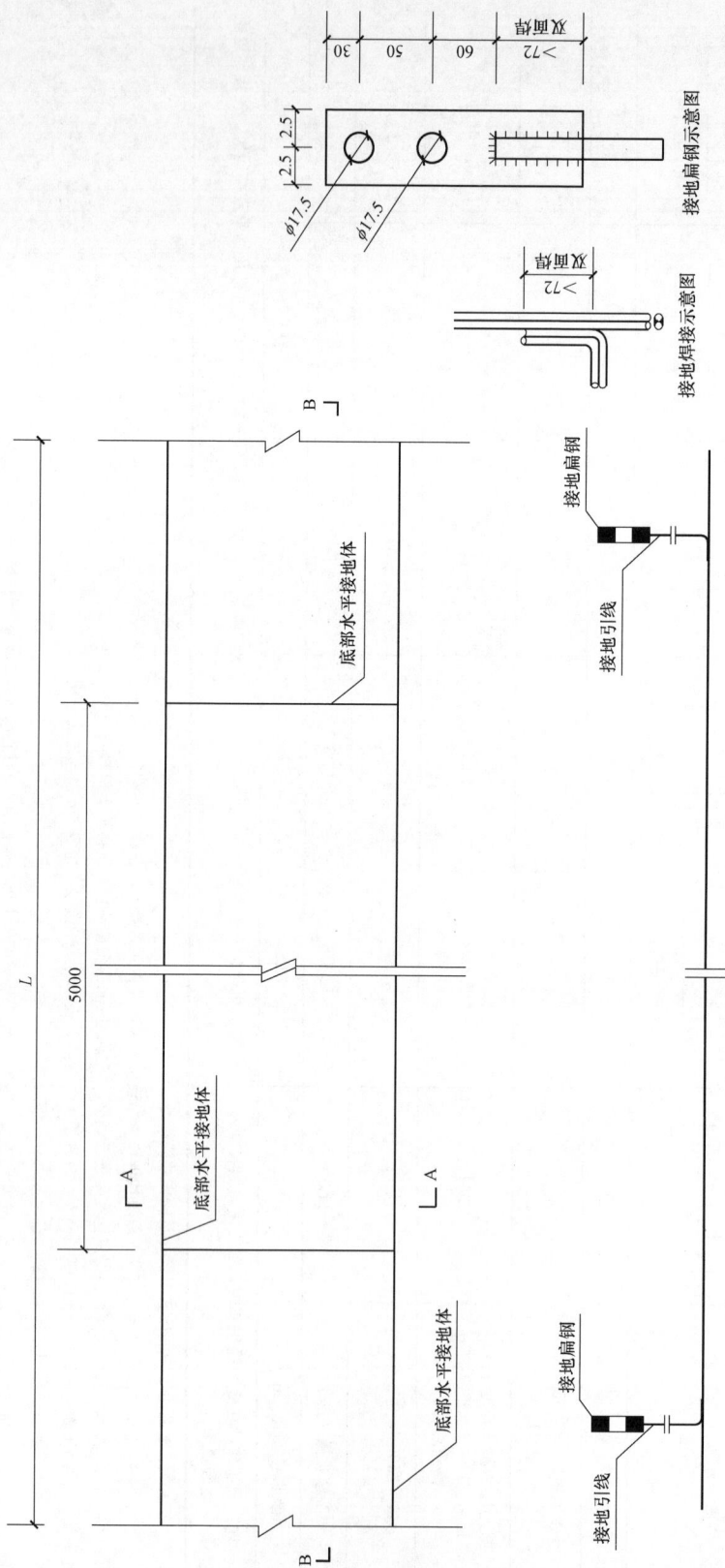

图 10.4－7　电缆沟接地装置俯视图

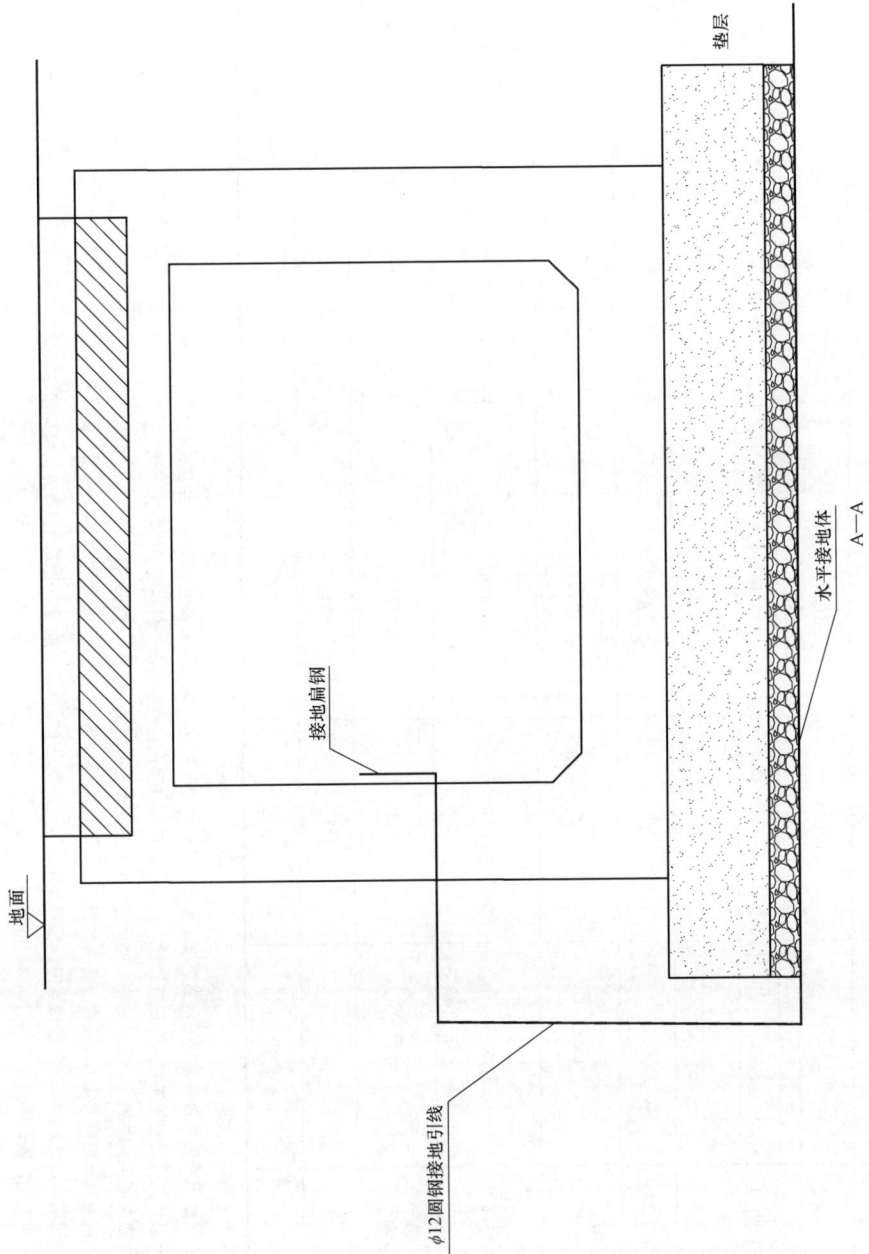

图 10.4－8　电缆沟接地装置剖面图

171

表 10.4－4 电缆沟接地材料表

土壤电阻率（Ω·m）	ρ≤100	100<ρ≤300	300<ρ≤600	ρ≤100	100<ρ≤300	300<ρ≤600
适用场合	电缆沟	电缆沟	电缆沟	电缆沟	电缆沟	电缆沟
水平接地网示意图（m）	20（1.5）	85（2.5）	205（2.5）	20（3.0）	85（3.0）	205（3.0）
最大允许工频电阻（Ω）	5	5	5	5	5	5
接地扁钢－5×50×212 质量（kg）	1.2	4.2	10.2	1.2	4.2	10.2
接地圆钢 φ12 长度（kg）/质量（kg）（水平纵向+横向总长）	52.5/47	215/191	515/458	55/49	224/199	536/476
φ12×2400 长度（m）/质量（kg）（引下线）	9.6/9	33.6/30	81.6/73	9.6/9	33.6/30	81.6/73
总质量（kg）	56	221	531	58	229	549
接地网面积（m²）	≥50	≥212.5	≥512.5	≥60	≥255	≥615

说明：1. 本图用于电缆沟的接地。

2. 电缆沟接地引线需与每块预埋铁可靠连接，考虑电缆沟内设备接地，电缆沟间隔 20m 安装一副接地端子。

3. 接地网具体尺寸可根据工程实际进行调整，但接地网面积及接地材料不得少于材料表中的值。

4. 电缆沟底部采用 φ12 镀锌圆钢，分别沿两侧通长布设，每隔 5m 横向连接一次。

5. 所有焊接点位应进行防腐处理。

6. 土壤电阻率高、地形受限制不能敷设时，根据具体工程可设置引出接地线，加设垂直接地极等方式增加接地效果。

7. 接地网在腐蚀性较强的地区可采用钢镀锌铜或不锈钢。

8. 隧道三通、四通节点处不同方向接地体建议分开设置，或避免免外通长接地体与横向连接构成环绕电缆闭合回路。

第11章 井　　盖

11.1 概　　述

井盖是电缆工作井的重要附件，影响电缆安装、运维检修，同时又影响城市美观和公共安全，因此，电工作井井盖的设计必须符合国家有关标准，保证其结构安全可靠、施工方便、经久耐用且维修方便。

11.2 适 用 范 围

井盖的设计、生产和检测标准应符合：《检查井盖》（GB/T 23858—2009）、《智能井盖》（GB/T 41401—2022）、《球墨铸铁件》（GB/T 1348—2009）以及本文件规定的其他技术要求。

11.3 技 术 要 求

11.3.1　井盖型号的选择

（1）检查井盖按承载能力划分为如下 6 级：A15、B125、C250、D400、E600、F900。

（2）检查井盖按使用场所分为如下 6 组。

——第一组（最低选用 A15 类型）：绿化带、人行道等禁止机动车驶入的区域。

——第二组（最低选用 B125 类型）：人行道、非机动车道，小车停车场及地下停车场。

——第三组（最低选用 C250 类型）：住宅小区、背街小巷、仅有轻型机动车或小车行驶的区域，道路两边路缘石开始 0.5m 以内。

——第四组（最低选用 D400 类型）：城市主路、公路、高等级公路、高速公路等区域。

——第五组（最低选用 E600 类型）：货运站、码头、机场等区域。

——第六组（最低选用 F900 类型）：机场跑道等区域。

11.3.2　井盖材料的选择

制作检查井盖宜采用球墨铸铁，所用的球墨铸铁应符合《球墨铸铁件》（GB/T 1348—2009）的规定，球化率要求不小于 90%，球化级别达到二级以上。

11.3.3　井盖的形状及布置原则

（1）每座封闭式井应设置 2 个人孔，人孔宜采用圆形，净开孔直径 900mm。

（2）井盖平面布置应避开工作井内电缆敷设的通道位置。

1）普通工作井 2 个井盖布置在电缆的对侧上方，靠墙布置。

2）转角工作井 2 个井盖应对角线靠墙布置。

3）当电缆接头单侧布置时，井盖应布置在接头对侧的上方，靠墙布置；当电缆接头双侧布置时，井盖应布置在井的中间位置。

4）余线工作井的井盖应设置在电缆进出口另一侧上方，靠墙布置。

井盖设置的具体位置，详见各类型工作平面布置图。

11.3.4　结构尺寸

（1）检查井盖上表面应有防滑花纹，高度为：对 A15、B125、C250，高度为 2～6mm；对 D400、E600、F900，高度为 3～8mm，凹凸部分面积与整个面积相比不应小于 10%，且不应大于 70%。

（2）铰接井盖的仰角不应小于 100°。

（3）检查井盖的斜度以 1:10 为宜。

（4）井盖的嵌入深度应符合表 11.3－1 的规定。

表 11.3－1　　　　　　　　　　　　井盖的嵌入深度

类别	A15	B125	C250	D400	E600	F900
嵌入深度 A（mm）	≥20	≥30	≥30	≥50	≥50	≥50

（5）井盖与井座的总间隙应符合表 11.3－2 的规定。

表 11.3－2 井盖与井座的总间隙

构件数量	井座净开孔 C_0（mm）	总间隙（mm）
1 件	≤400	≤3
	>400	≤6
2 件	≤400	≤7
	>400	≤9
3 件或 3 件以上		≤15，单件不超过 5mm

（6）井座支承面的宽度应符合表 11.3－3 的规定。

表 11.3－3 井 座 支 承 面 的 宽 度

井座净开孔（mm）	井座支承面宽度（mm）
<600	≥20
≥600	≥24

（7）井座。

1）井座底面支承压强不应小于 7.5N/mm²。

2）井座高度：D400、E600、F900 的井座，其高度不应小于 100mm。

3）检查井盖的制造应当确保与井座的适配性。对于 D400、E600、F900 型，其井座的制造应当确保使用时的安静稳定。金属检查井盖应通过如接触表面的加工、防噪声的橡胶垫圈或三点接触的设计确保无噪声。

11.3.5 井盖其他技术要求

（1）产品表面光洁、平整，不得有裂纹以及影响产品使用性能的冷隔、缩松等缺陷。

（2）井盖应设置二层子盖，并符合《检查井盖》（GB/T 23858—2009）的要求，尺寸标准化，具有防水、防盗、防噪声、防滑、防位移、防坠落等功能。

（3）盖板与底座接触面间嵌入柔性垫，配合平稳。

（4）盖板用不锈钢锁具锁定。

（5）井盖表面防腐措施：涂沥青漆。

（6）井框预留防坠网挂钩孔。

（7）每个井盖背面预留智慧模块安装位置。

11.4 设 计 图

模块设计图清单见表 11.4-1。

表 11.4-1   模 块 设 计 图 清 单

图序	图名	图纸编号
图 11.4-1	检查井盖 ϕ850 B125	J（HN）-B-1
图 11.4-2	检查井盖 ϕ950 B125	J（HN）-B-2
图 11.4-3	检查井盖 ϕ850 D400	J（HN）-D-1
图 11.4-4	检查井盖 ϕ950 D400	J（HN）-D-2

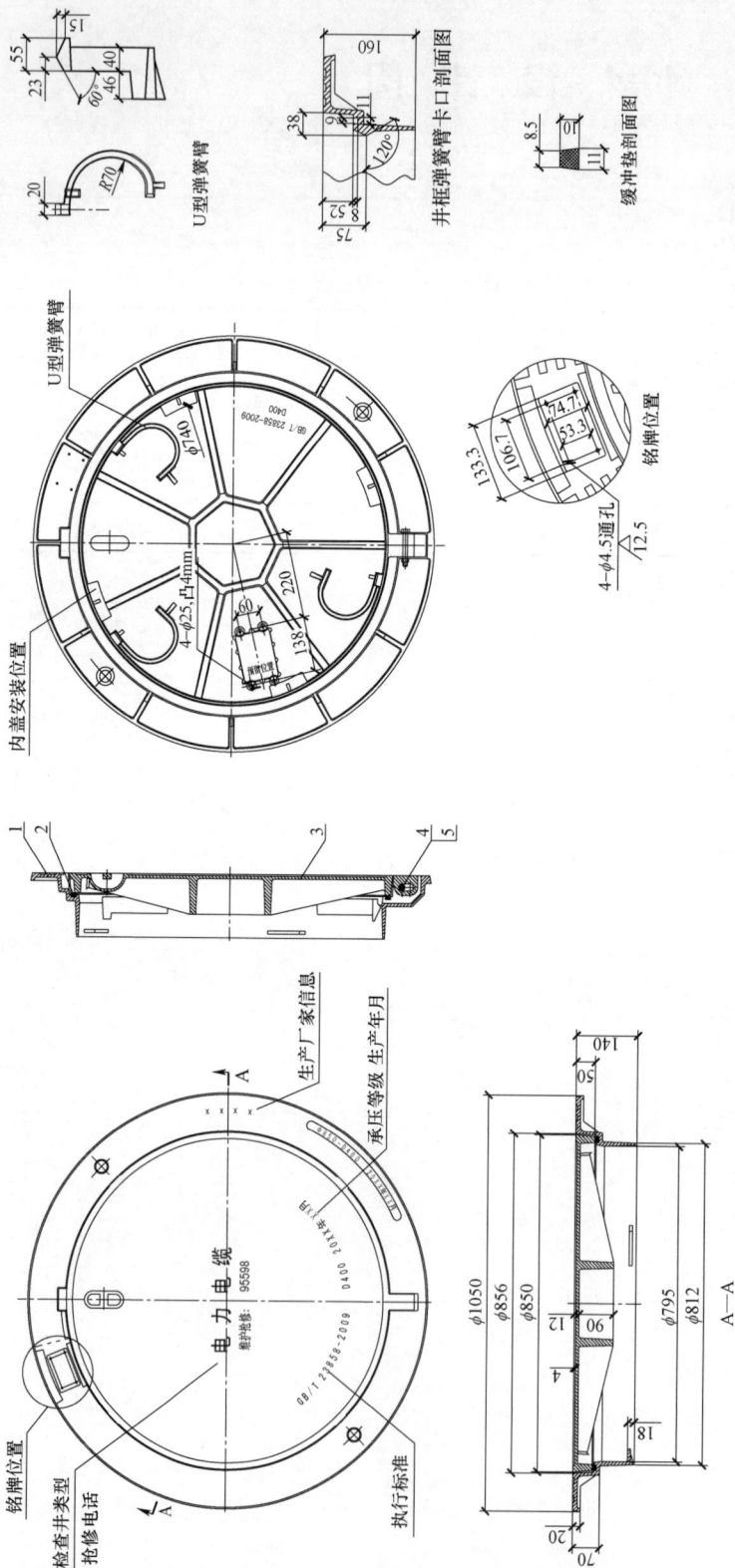

说明：1. 采用球墨铸铁 QT500-7 制作，球化率要求不小于 90%，球化级别达到二级以上。
2. 产品的每个盖板放置 3 个一体化弹片，具有弹性紧锁功能。
3. 产品表面光洁、平整，不得有裂纹以及影响产品使用性能的冷隔、缩松等缺陷。
4. 盖与座配合结构尺寸符合 GB/T 6414，其公差等级不低于 CT9 级。
5. 盖与座接触面同嵌入柔性垫，配合平稳。
6. 盖与座应用铰轴连接。
7. 产品表面防腐措施：涂沥青漆。
8. 井座预留内盖安装位置。
9. 每个井盖背面预留智慧模块安装位置。

图 11.4-1 J（HN）-B-1 检查井盖 φ850 B125

序号	名称	材料	数量	规格	备注
1	井座	QT500-7	1		
2	缓冲垫圈	硫化氯丁橡胶	1		
3	井盖	QT500-7	1		
4	六角头螺栓	不锈钢	1	M14×110	
5	螺母	不锈钢	1	GB/T 6170-2015-M14	

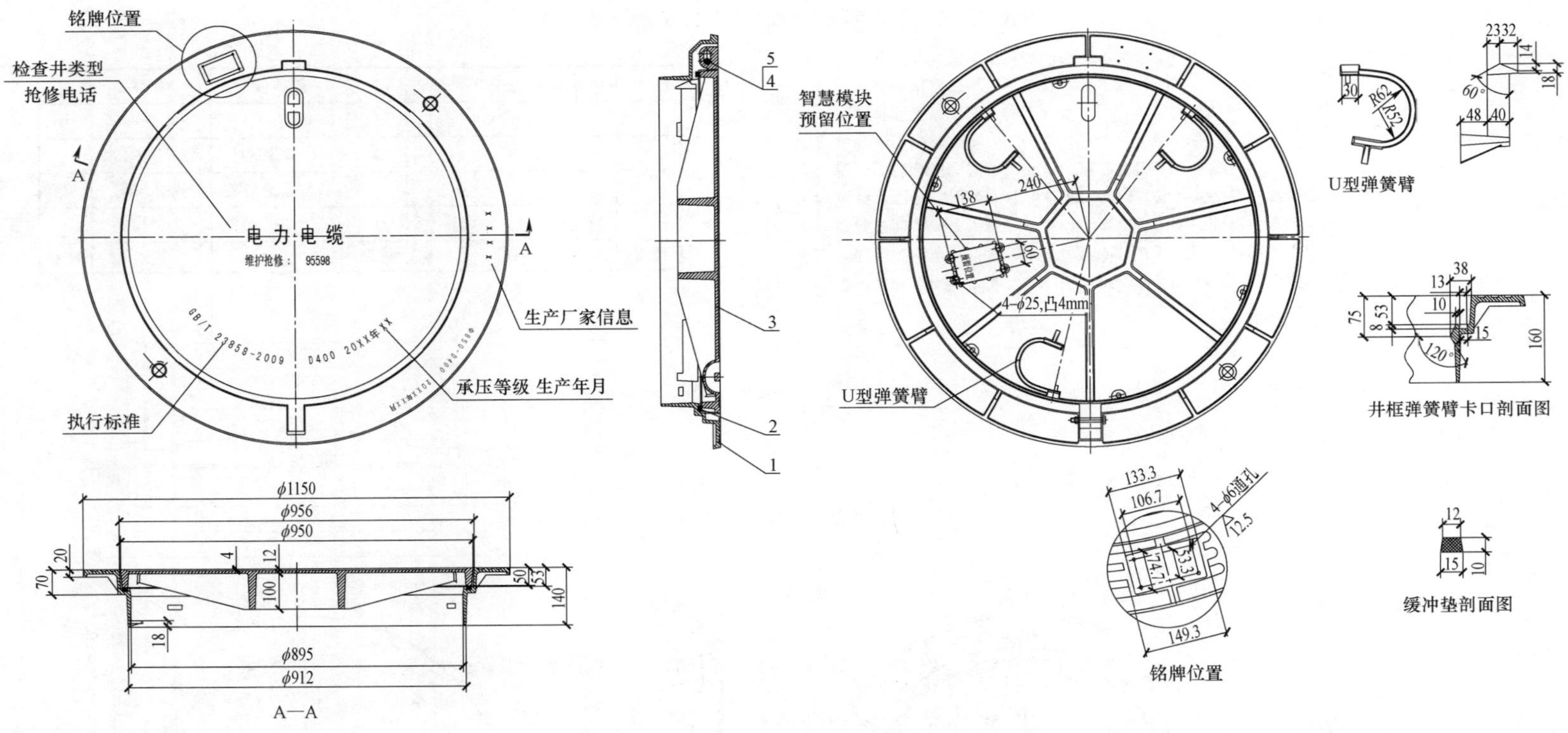

说明：1. 采用球墨铸铁 QT500-7 制作，球化率要求不小于 90%，球化级别达到二级以上。
2. 产品的每个盖板具备 3 个一体化弹片，具有弹性紧锁功能。
3. 产品表面光洁、平整，不得有裂纹以及影响产品使用性能的冷隔、缩松等缺陷。
4. 盖与座配合结构尺寸符合 GB/T 6414，其公差等级不低于 CT9 级。
5. 盖与座接触面间嵌入柔性垫，配合平稳。
6. 盖与座用铰轴连接。
7. 产品表面用防腐措施：涂沥青漆。
8. 井框预留防坠网挂钩孔。
9. 每个井盖背面预留智慧模块安装位置。

图 11.4-2 J（HN）-B-2 检查井盖 φ950 B125

序号	名称	材料	数量	规格	备注
1	井座	QT500-7	1		
2	缓冲垫圈	硫化氯丁橡胶	1		
3	井盖	QT500-7	1		
4	六角头螺栓	不锈钢	1	M14×110	
5	螺母	不锈钢	1	GB/T 6170-2015-M14	

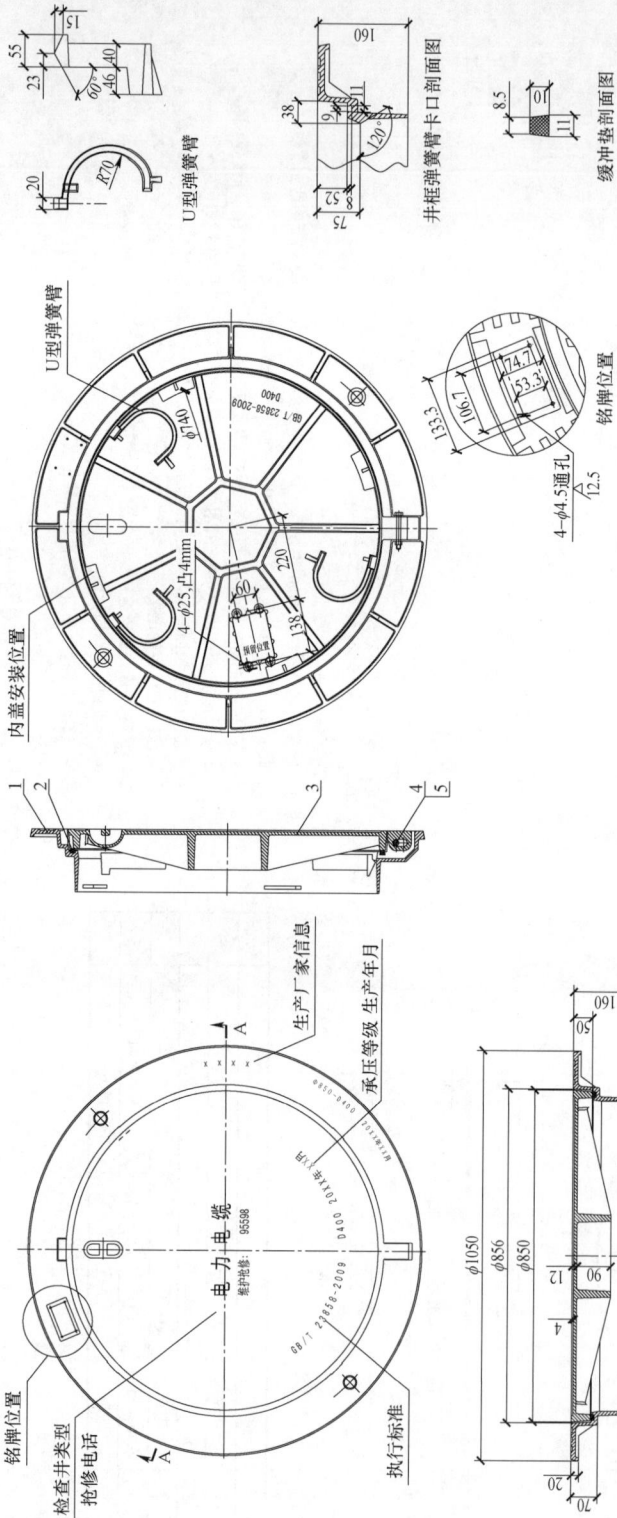

说明：1. 采用球墨铸铁 QT500-7 制作，球化率要求不小于 90%，球化级别达到三级以上。
2. 产品的每个上盖板设置 3 个一体化弹片，具有弹性紧锁功能。
3. 产品表面光洁、平整，不得有裂纹以及影响产品使用性能的冷隔、缩松等缺陷。
4. 盖与座配合结构尺寸符合 GB/T 6414，其公差等级不低于 CT9 级。
5. 盖与座接触面间嵌入柔性垫，配合平稳。
6. 盖与座用纹轴连接。
7. 产品表面防腐措施：涂沥青漆。
8. 井座预留内盖安装位置。
9. 每个井座背面预留智慧模块安装位置。

图 11.4-3　J（HN）-D-1 检查井盖 φ850 D400

序号	名称	材料	数量	规格	备注
1	井座	QT500-7	1		
2	缓冲垫圈	硫化氯丁橡胶	1		
3	井盖	QT500-7	1		
4	六角头螺栓	不锈钢	1	M14×110	
5	螺母	不锈钢	1	GB/T 6170—2015—M14	

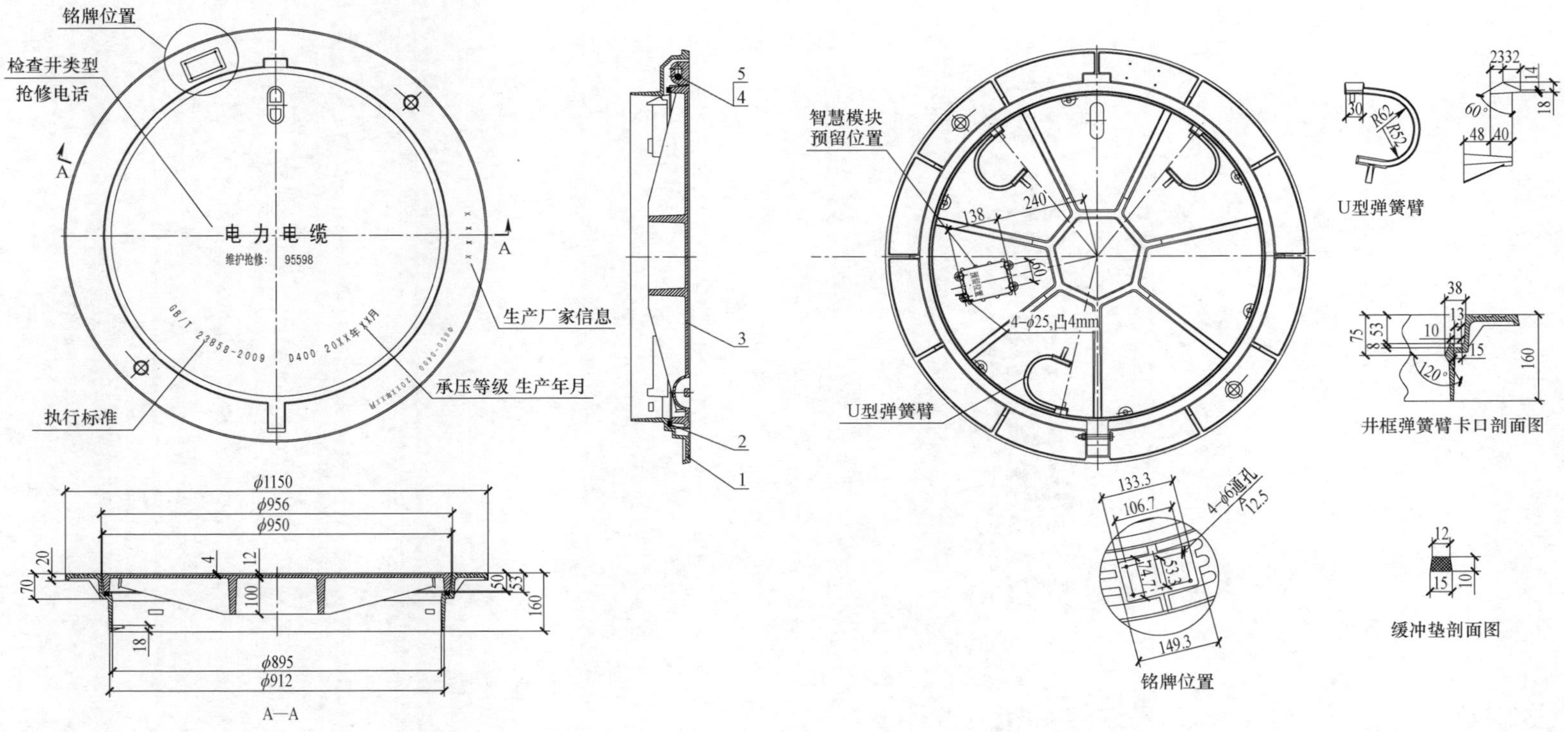

说明：1. 采用球墨铸铁 QT500-7 制作，球化率要求不小于90%，球化级别达到二级以上。
2. 产品的每个盖板具备3个一体化弹片，具有弹性紧锁功能。
3. 产品表面光洁、平整，不得有裂纹以及影响产品使用性能的冷隔、缩松等缺陷。
4. 盖与座配合结构尺寸符合 GB/T 6414，其公差等级不低于 CT9 级。
5. 盖与座接触面同嵌入柔性垫，配合平稳。
6. 盖与座用铰轴连接。
7. 产品表面防腐措施：涂沥青漆。
8. 井框预留防坠网挂钩孔。
9. 每个井盖青面预留智慧模块安装位置。

序号	名称	材料	数量	规格	备注
1	井座	QT500-7	1		
2	缓冲垫圈	硫化氯丁橡胶	1		
3	井盖	QT500-7	1		
4	六角头螺栓	不锈钢	1	M14×110	
5	螺母	不锈钢	1	GB/T 6170—2015—M14	

图 11.4-4 J（HN）-D-2 检查井盖 φ950 D400

第 12 章　电缆及通道标识

12.1　概　　述

本章规定了电力电缆及通道标志的分类、通用要求、电缆线路标志要求和通道标志要求等。

12.2　适　用　范　围

本文件适用于 110kV 及以上的电力电缆及通道标志，其他电压等级参照执行。

12.3　技　术　要　求

12.3.1　标志分类

（1）电缆及通道标志分为电缆线路标志与电缆通道标志，统称"电缆标志"。

（2）电缆线路标志包括本体标志、附件标志、附属设备标志及附属设施标志。

（3）电缆通道标志包括信息指示标志、电缆路径标志与通道安全标志等。

12.3.2　通用做法

（1）电缆标志设置应规范统一、牢固、醒目，适应使用环境的要求并便于生产运维，不应伤害人身、危及设备或妨碍正常工作。

（2）电缆标志字迹、图形应清晰、无破损或影响使用的其他瑕疵。

（3）电缆标志应与设备台账、电缆走向图等电缆资料一致。

（4）电缆标志优先使用硬质牌，无法装设硬牌的地方使用软牌。应有耐燃烧、耐湿热、耐磨损等性能，满足《安全色和安全标志　安全标志的分类、性能和耐久性》（GB/T 26443—2010）的要求。不宜使用遇水变形、易变质或易燃材料，有触电风险的场合应选用绝缘材质，户外电缆标志宜选用复合等无回收价值的非金属材料。涂刷类标志牌材料应选用耐用、不褪色、防火的涂料或油漆。

（5）电缆标志应作为日常巡检内容，按《电力电缆及通道运维规程》（Q/GDW 1512—2014）执行，如不满足第 12.3.2 条第 2 款要求，应及时更换或修缮。

（6）同一电压等级同类电缆标志的规格、尺寸、安装位置应统一，并兼顾使用场合与环境。

（7）多回路通道内同类电缆标志应设置在各自回路（相）同一部位，并统一规格尺寸。

（8）常用电缆标志可参见附图制作与使用。

（9）本章未明确规定尺寸的电缆标志应考虑标志与观察者距离，根据相关要求制作。

（10）标志牌命名应采用中文描述，尽量避免英文缩写；编号应采用阿拉伯数字与"#"组合。同一部位有多个名称相同的标志牌，按照顺序在标志牌命名后加上中文序号"（一）""（二）"等。

（11）标志牌绑扎线宜选用阻燃型铜塑线。户外设置的标志牌及其支撑架应满足抗风等受力要求。

12.3.3　电缆线路标志要求

12.3.3.1　一般要求

（1）电缆线路标志电压等级应为阿拉伯数字接"kV"字样，如"110kV""220kV"等，编号统一用阿拉伯数字表示。

（2）电缆线路标志的安装应规范、牢固、美观，不应存在遮挡设备铭牌等影响设备运行维护或危及人身安全的情况。

（3）新增设备的标志牌应与前期设备保持统一。涉及线路名称更改的电缆线路，应同步更改全线相关标志。

（4）电缆本体、附件、避雷器、接地电缆等处应设置相序标志或相色带。

12.3.3.2　电缆本体

（1）电缆本体标志牌应含电压等级、线路名称、相序、电缆型号、投运日期、生产厂家等基本信息。

（2）直埋敷设的电缆接头两端、转弯、交叉应设置电缆本体标志牌。

（3）排管敷设中工井口下方应设置相应的电缆本体标志牌。

（4）电缆沟两端、隧道内沉井两端及各通道型式的拐弯、交叉、直线段每隔 50m 以内应设置电缆本体标志牌。

（5）其他敷设电缆。站内地下层、竖井等敷设电缆，应在每个防火隔断两端设置相应的电缆本体标志牌；上杆（塔）、构架时，应在醒目部位设置相应的电缆本体标志。

12.3.3.3　电缆附件

（1）电缆附件标志牌应含电压等级、线路名称、相别、型号规格、制造厂家等产品信息，以及安装单位及人员、安装时间等安装信息。

（2）电缆终端上应有明显的相色标志，在距地 2.5m 左右的电缆本体上、GIS 终端下部适当处应有电缆附件标志牌。

（3）在电缆中间接头两端 0.5m 范围内应有电缆附件标志牌。

12.3.3.4　附属设备

（1）接地箱、避雷器、供油系统、在线监控装置等附属设备应设置标志牌。

（2）电缆附属设备标志牌应含有设备编号、名称、生产厂家、安装时间等基本信息。

（3）接地箱标志牌应设置在箱体正面，标志牌上应有电压等级、"高压危险"警示语、联系电话、换位或接地示意图等信息。

（4）避雷器标志牌宜设置在距地 2.5m 左右的电缆本体上。

12.3.3.5　附属设施

（1）电缆附属设施标志牌应含有设施编号、名称、生产厂家、安装时间等基本信息。终端杆（塔）、电缆终端站应设置标志牌，防火、防水等其他附属设施宜设置标志牌。

（2）隧道内同一断面的支架宜在防火槽盒等醒目位置设置支架编号牌，优先使用软牌，安装位置和编号走向应统一。

12.3.4　通道标志要求

12.3.4.1　一般要求

（1）电缆通道标志配置应因地制宜，满足电缆运行工作的实际需求，宜采用标志桩（牌）、标志砖、标志块（贴）等。

（2）电缆路径、警示标志应在通道沿线设置，标志型式宜根据环境按需设置，直线段标志间距不应大于 50m，在转弯、工作井、接头井等处应增设标志。

（3）电缆通道标志安装位置应面向巡线侧或易于巡线员观察。

（4）电缆通道附近有人为外力破坏风险的区域，应在适当位置配置相应的禁止标志，如："下有高压电缆，禁止开挖""禁止堆放杂物""禁止倾倒酸碱腐蚀物""禁止取土"等，宜设置"电力设施保护宣传栏"。

（5）户外禁止、警示类标志宜具有夜间可视功能。

（6）电缆标志桩（牌）宜设置在绿化带、城市郊区、农村等电缆通道上方，标志桩露出地面应小于 500mm。标志砖宜设置在人行通道、车行通道的电缆路径正上方，铺设应平整。标志块（贴）宜设置在电缆通道上方的硬化路面醒目位置。

（7）电缆沟盖板、工井盖板表面应平整并有电力警示标志。

（8）电缆终端杆（塔）、终端站的围栏（墙）外适当位置应设置"电力设施保护宣传栏""止步，高压危险"等标志，有安装视频监控的应设置"进入监控区域提示"标志。

（9）电缆通道标志的标高、规格、尺寸、横竖方向、安装位置应按标准设置，特殊情况可视现场实际进行调整。

12.3.4.2　电缆隧道（综合管廊电力舱）

（1）隧道（综合管廊电力舱）出入口、工井内部两端、防火门、隧道（综合管廊电力舱）内每隔 50m 段与必要处应设置"出入口指示牌""逃生方向指示牌""避险处"等提示标志。出入口宜设置"进入监控区域"提示标志。

（2）隧道（综合管廊电力舱）入口应设置"检测有害气体""注意通风""注意佩戴安全帽""严禁烟火""从此上下"等标志牌。

（3）长距离（≥500m）电缆隧道每隔 40m 以内应设置隧道内人员定位图、应急逃生路线图、安全通道指示等标志。

12.3.4.3　电缆沟

直线段每隔 50m 以内、拐弯、首尾、分叉、中间接头工井及集水井（强排井）处应设置电缆路径标志牌。

12.3.4.4　电缆排管

（1）排管敷设的电缆上方沿线土层内应铺设带有电力标志的警示带，警示带宜距排管或混凝土包封上层 300mm 左右。

（2）直线段每隔 50m 以内、拐弯、首尾、分叉、中间接头工井应设置电缆路径标志牌。

12.3.4.5 电缆直埋

（1）直埋敷设的电缆上方沿线土层内应铺设带有电力标志的警示带，警示带宜距保护板上层 300mm 左右。

（2）直埋通道两侧应对称设置标识标牌，直线段每隔 50m 以内、电缆接头、转弯、交叉、进入建筑物等处，应设置相应的电缆路径标志牌或标示桩。

（3）电缆工井内壁上宜设置排管管孔编号标牌，用于区分不同管孔的用途。

12.3.4.6 通道安全标志

（1）电缆通道安全标志的设计应满足《图形符号 安全色和安全标志 第 1 部分：安全标志和安全标记的设计原则》（GB/T 2893.1—2013）和《安全标志及其使用导则》（GB/T 2894—2008）的要求，需正确使用安全色以传达禁止、警告、指令、提示等信息。红色传递禁止、停止、危险或提示消防设备、设施的信息；蓝色传递必须遵守的指令性信息；黄色传递注意、警告的信息；绿色传递安全的提示性信息。

（2）安全标志与辅助标志宜使用衬边。安全色与对比色同时使用时，应按表 12.3－1 规定搭配使用。

（3）电缆线路标志见表 12.3－2～表 12.3－5。

表 12.3－1　　　　　　安全色的对比色

安全色	对比色
红色	白色
蓝色	白色
黄色	黑色
绿色	白色

表 12.3－2　　　　　　电缆线路标志

编号	标志	名称	说明
1	110kV榔达Ⅰ线　A相　　ZC-YJLW03-Z　1×630/5451m	电缆本体标志牌	制作规范：尺寸：150×200（单位：mm）；材料：铝牌制作，内容：见图例；字体：黑体加粗；颜色：字体黑色，底色按 A、B、C 三相制作，表面底色根据相应相序确定（A－黄、B－绿、C－红）

续表

编号	标志	名称	说明
1	110V榔达Ⅰ线　B相 ZC–YJLW03–Z　1×630/5451m 110kV榔达Ⅰ线　C相 ZC–YJLW03–Z　1×630/5451m	电缆本体标志牌	安装规范：粘贴或绑扎于电缆本体，安装位置应易于巡线人员巡视观察，要求美观、整齐。 适用范围：电缆本体
2	接头编号：#001 电缆名称：110kV榔达Ⅰ线A相 接头型号：YJJJJ1 64/110 附件厂家：江苏安靠 附件制作人：李智博 制作时间：2017.08.17 接头编号：#001 电缆名称：110kV榔达Ⅰ线B相 接头型号：YJJJJ1 64/110 附件厂家：江苏安靠 附件制作人：李智博 制作时间：2017.08.17 接头编号：#001 电缆名称：110kV榔达Ⅰ线C相 接头型号：YJJJJ1 64/110 附件厂家：江苏安靠 附件制作人：李智博 制作时间：2017.08.17	电缆中间接头标志牌	制作规范：尺寸：150×200（单位：mm）；材料：耐腐蚀材料（铝牌、双色板）制作；内容：见图例；字体：黑体加粗；颜色：字体黑色，底色按 A、B、C 三相制作，表面底色根据相应相序确定（A–黄、B–绿、C–红）。 安装规范：粘贴或绑扎于附件端部电缆上或接地电缆处，安装位置应易于巡线人员巡视观察，要求美观、整齐。 适用范围：电缆中间接头

编号	标志	名称	说明
3	110kV榔达Ⅰ线#001终端塔避雷器（A相） 类型：瓷外套金属氧化锌避雷器 型号：Y10W5-216/562W 附件厂家：江苏安靠 附件制作人：李智博 制作时间：2017.08.17 110kV榔达Ⅰ线#001终端塔避雷器（B相） 类型：瓷外套金属氧化锌避雷器 型号：Y10W5-216/562W 附件厂家：江苏安靠 附件制作人：李智博 制作时间：2017.08.17 110kV榔达Ⅰ线#001终端塔避雷器（C相） 类型：瓷外套金属氧化锌避雷器 型号：Y10W5-216/562W 附件厂家：江苏安靠 附件制作人：李智博 制作时间：2017.08.17	避雷器 标志牌	制作规范：尺寸：300×400（单位：mm）；材料：耐腐蚀材料（铝牌、双色板）制作；内容：见图例；字体：黑体加粗；颜色：字体黑色，底色按 A、B、C 三相制作，表面底色根据相应相序确定（A-黄、B-绿、C-红）。 　安装规范：宜设置在距地 2.5m 左右的电缆本体上。安装位置应易于巡线人员巡视观察，要求美观、整齐。 　适用范围：避雷器
4	国家电网公司 STATE GRID ☎ 95598 电缆名称：110kV威蔡线 电缆型号：ZC-YJLW03-Z 64、110kV 1×630mm A相4998M/3436M　B相4998M/3436M C相4998M/3436M 本端位置：#008杆 另端位置：光达变502	电缆终端 头标志牌	制作规范：尺寸：300×400（单位：mm）；材料：耐腐蚀材料（铝牌、双色板）制作；内容：见图例；字体加粗。字体：黑体加粗；颜色：红底黑字。 　安装规范：宜设置在距离电缆终端头200mm支架或者平台位置。安装位置应易于巡线人员巡视观察，要求美观、整齐。 　适用范围：电缆终端头

表 12.3 – 3   电缆通道标志（非管廊）

编号	标志	名称	说明
1		电缆通道警示牌	制作规范：尺寸：圆形φ80，厚度不小于2（单位：mm），根据实际适当调整；材料：不锈钢雕版，哑光/拉丝面；内容：见图例；字体：黑体加粗；颜色：红色。线路电压视情况考虑是否增加，联系电话为值班电话或95598。 安装规范：标志牌安装硬化路面。通道边两侧缘安装，安装间距10m，两个井之间不少于4个。 适用范围：电缆通道正上方硬化路面醒目位置
2		电缆路径标志桩	制作规范：尺寸：120×120×800（单位：mm）；材料：耐腐蚀材料（玻璃钢、塑钢）制作；内容：见图例；字体：黑体加粗；颜色：白底红字。联系电话为值班电话或95598。 安装规范：要求易于巡线人员巡视观察。 适用范围：安装在绿化带、城市郊区、农村等电缆通道上方
3		电缆路径警示带	制作规格：材料：150g无纺布荧光印刷及淋膜；内容：见图例；字体：黑体加粗；颜色：红色。线路电压视情况考虑是否增加，联系电话为值班电话或95598。 安装规范：应沿全线在电缆通道宽度范围内均设置。覆土时，注意保持警示带平整。警示带宜距保护板上层300mm左右；警示带宜距排管或混凝土包封上层300mm左右。 适用范围：主要用于直埋敷设电缆、排管敷设电缆的覆土层中

续表

编号	标志	名称	说明
4		工作井标牌	制作规范：尺寸：方形 100×70，厚度不少于 2（单位：mm），根据实际适当调整；材料：不锈钢雕版，哑光/拉丝面；内容：见图例；字体：黑体加粗；颜色：红色。线路电压视情况考虑是否增加，联系电话为值班电话或 95598。 安装规范：标志牌安装硬化路面。每个井应设置两块带标号及标识的电缆井标牌，以线路或通道命名，应具有辨识性与独特性，一块固定在井框长边中点边沿，另一块固定在前一块标牌井盖打开后对应的井口内壁处。不锈钢标牌使用五颗膨胀螺栓固定，聚酯材料标牌使用胶水固定。 适用范围：电缆检修工作井

表 12.3－4　　　　　　　　　　　电缆通道标志（管廊类）

序号	大类	名称	图例
1	土建设施	防火门编号牌	

序号	大类	名称	图例
2		支架编号牌	**支架编号牌** **区段：#1防火门-#2防火门** **编号：#0001**
3		进入监控区域提示	**温馨提示：** 您已进入电子监控区 请您规范自己的行为
4		逃生口	**1#逃生口**
5	土建设施	电缆进出线口	**进出线口**
6		投料口	**1#投料口**
7		智能井盖	**1#智能井盖**
8		集水井	**1#集水井**

续表

序号	大类	名称	图例
9	消防设施	消火栓	
10		灭火器	
11		灭火器使用方法	
12		消防模块箱	1#消防模块箱
13		消防主机	1#消防主机
14		图形显示器	1#消防图形显示器

序号	大类	名称	图例
15	消防设施	细水雾水箱	细水雾水箱
16		细水雾泵组	1#细水雾泵组
17		消防分区控制箱	1#气体控制盘箱
18		消防分区控制主机	1#分区控制主机
19		细水雾喷头	1#喷头
20		细水雾管道	→
21		防火门主机	1#防火门主机

续表

序号	大类	名称	图例
22	消防设施	感温光纤主机	1#感温光纤主机
23		烟感	1#烟感
24		手报	1#手报
25		声光报警器	1#声光报警器
26	通风设施	风机	1#风机
27		风机控制箱	1#风机控制箱

续表

序号	大类	名称	图例
28	通风设施	分区诱导风机	1#诱导风机
29	排水设施	水泵	1#水泵
30		水泵控制箱	1#水泵控制箱
31	照明设施	照明控制开关（普通、应急）	1#普通照明开关　　1#应急照明开关
32		照明控制箱	1#照明箱
33	电源设施	检修电源箱	1#检修电源箱
34		配电箱	1#动力配电箱

续表

序号	大类	名称	图例
35	电源设施	低压柜	1#低压柜
36		EPS 电源柜	1#EPS电源柜
37	监控与报警设施	气体监控	氧气
38		视频监控箱	1#视频监控箱
39		环控设备箱	1#环控设备箱
40		摄像头	1#摄像头
41		机器人	1#机器人

续表

序号	大类	名称	图例
42	监控与报警设施	机器人防火门	1#机器人防火门
43		机器人控制箱	1#机器人控制箱
44		机器人充电桩	1#机器人充电桩
45	标识设施	电缆隧道进出口注意事项	

序号	大类	名称	图例
46		隧道简介	
47	标识设施	隧道路径指示牌	
48		隧道里程牌	

续表

序号	大类	名称	图例
49	标识设施	隧道水井编号牌	
50		应急疏散逃生图	
51		安全通道指示标志	
52		注意通风	
53		戴安全帽	

续表

序号	大类	名称	图例
54	标识设施	禁止烟火	
55		禁止放易燃物	
56		止步，高压危险	
57		有电危险	
58		从此上下	
59	通信设施	应急电话	

201

序号	大类	名称	图例
60	通信设施	移动信号基站箱	1#基站箱
61	其余设施	电缆路径标志牌（隧道）	电力电缆隧道，高压危险！ 国家电网 STATE GRID 高压危险 电缆方向 ××隧道中心线两侧各××米为隧道保护区，根据《中华人民共和国电力法》，任何单位和个人在电力隧道保护区内，必须遵守下列规定：（一）未经电力管理部门批准，不得擅自在电缆隧道附近平行、交叉建设其他管道。（二）在保护区内不得堆放杂物或倾倒酸、碱、盐及其他有害化学物品。（三）在保护区内禁止使用机械掘土、种植林木；禁止挖坑、取土、兴建建筑物和构筑物。国网××供电公司 联系电话：××××-××××××××
62		有限空间作业安全告知牌	有限空间作业安全告知 禁止入内 未经许可严禁进入！严禁盲目施救！ 危险性 当心缺氧 当心中毒 当心爆炸 作业场所浓度要求 ●氧含量 安全范围：19.5%～23.5% ●甲烷 爆炸下限5% ●硫化氢 最高容许浓度：10mg/m³(7ppm) ●一氧化碳 短时间接触容许浓度：30mg/m³(25ppm) ●其他 安全操作注意事项 一、必须严格执行作业审批制度，未经许可严禁作业。二、必须设置专人监护，作业期间监护者严禁擅离职守。三、必须在作业前做好安全隔离和清除置换。四、必须先检测、后作业，检测不合格严禁作业。五、必须采取充分的通风换气措施，确保整个作业期间处于安全受控状态。六、必须根据作业环境，配备适合的个体防护装备，作业者未进行有效防护严禁作业。七、必须制定应急措施，现场配备应急装备，发现异常情况，应及时报警，严禁盲目施救。必须戴安全帽 注意通风 必须系安全带 报警急救电话：119、120、999 单位应急电话：XXXXXXXX

表 12.3 – 5　　　　　　　　　　安全标志和禁止标志

编号	标志	名称	说明
1	止步 高压危险	"止步，高压危险"标志	用于警示或禁止接近、接触带电部位，防止触电

编号	标志	名称	说明
2		"有电，危险"标志	用于警示或禁止接近、接触带电部位，防止触电
3		"小心，有电"标志	用于警示或禁止接近、接触带电部位，防止触电
4		当心碰头	设置在易发生碰头危险的场所，如电缆夹层、通道内空间狭小区等
5		当心坠落	设置在工井口、隧道爬梯入口等处，提醒当心坠落